World of Science

幹嘛學數學？

Strength in Numbers
Discovering the Joy and Power

of Mathematics in Everyday Life

by Sherman K. Stein

斯坦／著　葉偉文／譯

作者簡介

斯坦（Sherman K. Stein）

哥倫比亞大學博士，加州大學戴維斯分校數學教授，該
校傑出教學獎得主之一，並曾獲得美國數學學會頒發的
福特獎（Lester R. Ford Prize），以表彰他在闡揚數學知
識方面的貢獻。

斯坦的主要興趣在代數、組合數學及教學法，另著有
《數學是啥玩意？》（*Mathematics : The Man-Made
Universe*）、《阿基米德幹了什麼好事！》（*Archimedes:
What Did He Do Besides Cry Eureka?*）（中文版皆由天下
文化出版），以及為中學生所寫的數學普及書系。曾獲
頒貝肯巴赫書獎（Beckenbach Book Prizes）。

譯者簡介

葉偉文

1950年出生於台北市。國立清華大學核子工程系畢業，原子科學研究所碩士。曾任台灣電力公司核能發電處放射實驗室主任、國家標準起草委員（核工類）及中華民國實驗室認證體系的評鑑技術委員。現任台灣電力公司緊急計畫執行委員會執行祕書。

譯作有《數學小魔女》、《數學是啥玩意？ I～III》、《葛老爹的推理遊戲1、2》、《一生受用的公式》、《搞定幾何！》、《蘇老師化學五四三》、《費曼手札》等二十多種，均為天下文化出版。並曾翻譯大量專業作品，散見於《台電核能月刊》。

幹嘛學數學？

你、我，我們每一個人，

只要願意，都可以探索遠超出我們想像的

內在世界與外在世界。

可惜許多人太早關閉了這扇探索的大門。

這本書是要獻給

每一位有心打開大門的人，以及

已經開啟了門、還想打得更開的人。

閱讀指引

在第一部〈數學這玩意〉中，第一章是全書內容的綜覽。第2與第3章（談報章上常見的數字遊戲），第9與第10章（談職場需要什麼數學），以及第11、12和13章（談數學教育改革），各自成一個單元。除此之外，各章之間並沒有一定的順序，可以隨意翻閱。

在第二部〈國民數學須知〉裡，第14章〈怎麼讀數學〉討論如何閱讀數學語言，是整個第二部的核心。第18章和第19章（談級數的總和與應用）自成一個單元。而第25章〈為什麼負負得正？〉有一部分會用到第17章〈兩數字之間的五種運算〉與第24章〈把方程式變成圖形〉的內容。

在第三部〈真理近了〉中，第27章到第31章必須依次序閱讀，而且要先看過第18章〈級數的總和〉和第24章〈把方程式變成圖形〉。最後一章〈數學之美〉，主要是依第18章而來的。

（我希望任何人如果對本書有所指正，請寄信到 Mathematics Department, University of California at Davis, Davis, CA95616-8633。我的 e-mail 位址是 stein@math.ucdavis.edu）

第一部

數學這玩意

每當我覺得快被嚇倒的時候，

總是想起湯普生的名言：

「一個傻瓜能做的事，另一個傻瓜也能。」

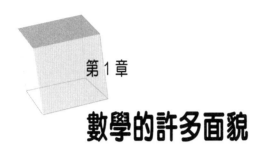

第 1 章

數學的許多面貌

　　在現代社會，幾乎人人都能瞭解數學、欣賞數學，並且能體認數學的規則。不過我還是覺得我們只發揮了一小部分的潛能，不僅數學如此，其他如藝術、木工、烹飪、繪畫與歌唱等各方面也都一樣。我們常常太早放棄。如果願意對外面的世界和自身能力更進一步探索，每個人都能到達比自己想像的更高的水準。我希望這本書能幫助大家在家裡探索數學世界，並感受它的奇妙。

　　年輕人應該知道，數學是很多職業裡的一種工具。每三個高所得的工作中，大概有兩個需要比算術更高深的數學，用於每天的例行工作，或是訓練過程的一部分。而那些較低所得的工作中，只有十分之一有此需求。這些數據是依第 10 章＜那裡面有哪些數學？＞的資料估算出來的。對照之下，可以看出數學在高度技術化的經

濟系統裡多麼重要。你若懂得數學愈多，職業生涯的發展也愈寬廣。由於數學攸關民生問題，我將會利用整整一章（第10章）來討論各種職業裡需要的數學。第9章＜職業究竟是什麼＞也與這個議題有關。

父母親的鼓勵對小孩子學習數學非常重要。而每個人在作決定的時候，千萬不要被專家所用的數字或電腦運算結果嚇倒。第3章＜熱數字＞與第4章＜不要編個數字在我頭上＞提供一些保護方法，避免這種常見的數字暴力。

數學有什麼用？

本書的目的是想散播數學的正確觀念給每個人。對於那些在學校裡有不愉快經驗而放棄數學（通常是12歲以前），或漠不關心數學的人，我希望能把他們拉回最初的邂逅點，對數學一見鍾情。至於那些喜歡數學的人，我希望本書所舉的事例能充分表現出數學之美與數學的價值，進而加深他們對數學的熱愛。

數學有點像諺語裡被三個瞎子摸來摸去的大象。摸到腿的說：「象好像一棵大樹。」摸到鼻子的說：「象就像一條蟒蛇。」而摸到耳朵的瞎子則聲稱：「不對，象很像一把扇子。」

數學也是一樣。如果你把它當做計算的工具，用來計算長度與面積，或算出成本與利潤，那它就類似鐵槌和螺絲起子。如果你用它來描述重力或染色體的結構，你可能認為數學是物理和生理宇宙中的創世語言。或者在幾何、微積分的課堂裡，你認為數學是很好的分析方法，是貿易、法律或醫學的職業訓練基礎。著名的旅館業鉅子希爾頓（Conrad Hilton）就持最後這種看法。他在《歡迎嘉賓》書中表示：

我並不想說服任何人，說微積分、代數或幾何學對經營旅館事業非常必要。但我們要大聲疾呼，數學並不是國民教育上無用的裝飾品。對我而言，能把問題很快地化成最簡單、最清楚的方式陳述出來，從而迅速解決的能力，不管從哪個方面看都是非常有用的。當然你並不是真的使用代數公式，但……我發現較高等數學的練習，是發展這種解決問題的心智能力最好的訓練……徹底的數學心智訓練，可防止思緒模糊不清，或被一些假象誤導……

希爾頓並不是唯一強調數學重要性的實業家。富傳奇色彩的金融家巴菲特（Warren Buffett）的合夥人孟格（Charles Munger）在1994年曾對南加州大學商學院的學生建議：

首先是數學，你們必須能掌握數字——最基本的算術。再來是一些很有用的模型，接著是計算複利的一些基本數學，像是排列組合之類的，還有很簡單的代數。這些學起來並不難，困難的是怎樣在每天的例行工作之中應用這些數學。

在哈佛商學院裡，第一年的課程都是圍繞在「決策樹理論」（decision-tree theory）四周，由它將所有課程串在一起。決策樹理論是把代數應用在現實生活面臨的問題上。學生都很訝異，高中學到的代數居然能用在日常生活裡。

還有一些別的方法可觸摸這隻數學大象。如果你經驗過數學論證或數學發現的美妙，你可能會認為它是一種藝術，就像音樂或美術。如果你遭遇過解不開難題的煎熬，你可能會把它比擬成向未知領域探險。所有這些描述都是實實在在的，但它們都只是一部分，並不代表全體。

你有權利埋怨數學課本

如果你接觸到的數學只是一長串枯燥的計算，只是每天分配到幾頁一定要做完的習題，或只是一堆沒有好好解釋的難懂規則，那麼你看到的是最不幸的景象。這時候數學對你只是折磨、只是處罰，你一定會自怨自艾的。其實你也有權利埋怨你的老師，或埋怨數學課本。

課程的教法如何，當然會影響學生的學習效果。假設有個學生學習法文，被當了，他很可能認為：「算了，沒希望了，我就是沒有語言天分。」他完全忘了自己已經精通一種母語。如果這個學生到法國待上一、兩年，他的法語可能就非常流利，可以讓他回國後在這科得高分。

老師給學生打的成績，只代表這個學生在某種特定情況下的表現，並不是這個學生的所有狀況。就某種意義來看，成績也是對老師的評量。

在所有學科裡，數學可以教得最好，也可以教得最糟。數學內容的每一單元都是完全透明的：沒有哪一部分是基於權威人士的想法或信任，任何一件事都有它的意義。在已有充分準備的老師引導下，學生可以自行做各種實驗，自己發現很多基本原理而不必老師告訴你。這些實驗也不必用到很貴的設備，只要有紙、筆、計算機、直尺、骰子、一段繩子或幾枚硬幣就夠了。

學數學與學物理、學生物或學歷史不同，這就形成了有趣的對照。當我們學習原子結構或細胞構造時，學生必須依賴許多物理學家或生物學家的主張。至於學歷史，情形就像下列的打油詩說的：

過去隱藏在

> 一層
> 一層
> 又一層的
> 歷史學家筆下

數學則不然，學生與數學概念之間沒有隔閡。

數學又怎麼會教得最糟呢？因為它可以編排成一連串數字的計算過程，既枯燥也沒什麼用處。學生每演算一頁，疏離感就加深一點。最後，當學生看到一段很晦澀的陳述，例如「分數的除法是把除數的分子、分母顛倒，再相乘」，或「負數乘負數得到正數」，學生對數學的疏離感達到頂點，終於完全爆發出來。（第20章〈對於分數應該知道的事〉與第25章〈為什麼負負得正？〉有這些神祕陳述的簡單解釋。）

你沒有數學細胞，但一定有數學頭腦！

在很多國家，數學不好的學生常會自嘲：「我就是沒有數學細胞。」這種通行的說法似乎認為數學能力和遺傳因子有關，是與生俱來的，和後天的努力沒多大關係。好像數學能力類似左撇子或天生的音感。

但在某些國家，一般人卻相信如果努力學習，就可以精通數學。在那些地方，是以實際的態度來面對數學，就像學木工或游泳那樣，經過練習可以改善技巧。高度的期望會產生高度的學習成果。

另外一個基本指導原則是：「在第一次就把它教對。」意思是說，你不要在事後花很多時間來複習那些你沒有在開始時學好的東西。開頭就要學好。

蓋伯瑞斯（John Galbraith）有段關於錢的敘述也可用來說明數學。只要把下面那段文字裡的「錢」改成「數學」就行了。

那些經常談論錢、並教導別人有關錢的事務，從而營生的人，其實是由下面的想法得到利益與名望……即這種對錢的洞察力並非一般人所擁有的。雖然這些人藉此名利雙收，但這種想法其實是假象。任何一個有好奇心、勤勉而聰敏的人，都能瞭解有關錢的種種事務。下面的文章裡沒有哪個部分是不能瞭解的。

生物學家道金斯（Richard Dawkins）在《盲目的鐘錶匠》書中，對讀者保證：

面對數學還有一件很重要的事，就是別被它嚇倒。數學並不像數學祭師們所假裝的那麼困難。每當我覺得快被嚇倒的時候，總是想起湯普生（S. Thompson）在《微積分很簡單》一書裡所說的名言：「一個傻子能做的事，另一個也能。」

第16章＜汽車與兩隻山羊＞將會利用一個困擾許多數學家的問題，讓讀者有機會瞭解道金斯的說法是對的。

數學又分成兩支，彼此在精神上幾乎是相反的。第一支是以近乎笨拙的方法，處理日常生活裡的各種計算問題。目前這部分的工作幾乎已完全被計算機、收銀機或電腦取代了。另一支則是提供一種高精密度的語言，使我們能以某種有條理的方法，來思考很複雜的決定，而不是僅靠傳說、臆測或某些有說服力的美詞。

我們與數學的關係，就和我們與很多高科技文明的組件之間的關係一樣：它有很多裝置，我們可以按鈕、移動游標或轉動號碼

盤，但全然不知道它們是怎麼工作的。這些東西故障了，我們也不會修理。假設我們把一個古羅馬人放進現代社會，剛開始他一定會覺得惶恐困惑，但經過幾星期的適應之後，相信他也會按鈕、移動游標或轉動號碼盤。相反的，如果把我們文明中的裝飾部分剝除，拿走我們不瞭解的裝置，我們會發現自己和古羅馬人並沒有什麼差別。把我們放回古羅馬時代，我們也能適應他們的生活方式。

我們愈瞭解周圍世界的運作方式，特別是瞭解在我們社會裡數學所扮演的角色，就愈不會被我們不知道的力量支配。我們愈自在、愈有自信，愈不會像白癡一樣，經常被廚房、起居室或車廂裡那些神祕的小裝置所迷惑。

我希望這本書能幫助讀者捕捉美國第二任總統亞當斯（John Adams）的想法。1780年，當他在歐洲尋求和平協定的時候，曾寫信給太太亞比蓋爾：

　　我必須研究政治和軍事，好讓我的孩子能自由學習數學、哲學、地質學、自然史、造船、航海學、商學和農學，更讓他們的孩子有權利學習繪畫、詩歌、音樂、建築、雕塑、刺繡和陶瓷。

亞當斯在這裡談到的，是數學的實用功能。如果他今天寫信給亞比蓋爾，應該會把數學和藝術科目放在一起。這點在後面幾章中將會看到。

大家一起來學數學

本書分為三部分，每部分各有特色。

第一部＜數學這玩意＞是一般性的敘述，包含某些各自獨立的章節。內容大約包含：

- 指出如何保護自己，避免數字的暴力；
- 說明電腦的優勢和限制；
- 揭開一些有關數學與數學家的神祕面紗；
- 列出令人驚訝的數學應用；
- 描述各行各業裡用到的數學；
- 討論數學教育的改革。

第二部＜國民數學須知＞，重新審視一些在學校裡曾經碰到的數學觀念，如：

- 幾何級數與它的應用；
- 畢氏定理；
- 除數是分數時，爲何要將分子、分母上下顛倒；
- π 是什麼；
- 爲什麼負數乘負數會得到正值；
- 如何畫出方程式的圖形。

至於第三部＜眞理近了＞的內容則有：

- 發展出一種發現未知量的技巧；
- 找出曲線不斷變化的斜率；
- 計算一條曲線下的面積；
- 找出圓與一些奇數正整數之間的有趣關係，讓我們不必畫圓就有計算 π 的方法。

第三部的各章之間有一些緊密的關係。我在第1頁的＜閱讀指引＞已經提過。

第16章＜汽車與兩隻山羊＞將引導讀者自己去發現數學的想

法，讓他們經歷一下探險的刺激。不過，某些數學發現背後的論述是非常技術性的，只有專家才看得懂。和很多知識一樣，數學也細分成許多獨立的小學門，即使是數學家，對於不是自己領域內的研究論文也無法領會。

儘管如此，我們還是可以體會數學的發現之美，雖然它背後的原因對我們來說還是高深莫測。舉例來說，我在第15章＜你永遠看不到一個大數＞描述了基本算術裡一些迷人而深奧的現象，但並沒有說明為什麼它是真的。這些東西不是我擅長的領域，我必須承認自己沒有讀它們的論證過程。但我還是可以欣賞這些發現，就像我能欣賞其他的偉大成就，比如攀登聖母峰、登陸月球或西斯汀教堂的壁畫。

在多數章節裡，讀者的角色是介於探險家和旁觀者之間，可說是個活躍的參與者。我們通常認為「數學」是名詞，但實際上它也可以是主動詞。

任何一個「有好奇心、勤勉而聰敏」的人，會一些算術又能遵守第14章＜怎麼讀數學＞的建議，就可以瞭解並欣賞本書的所有章節。當然若懂一些基本代數，在某些地方會比較方便，不過這並不是絕對必要的。

欣賞數學之美

讀完本書，你對數學在現實世界的重要性，應該會有清楚的認識，也會有閱讀數學語言的能力。但除此之外，我還希望讀者能欣賞到數學的優美以及數學推論的高雅。

如果我能讓讀者像美國第三任總統、「獨立宣言」起草人傑弗遜（Thomas Jefferson）一樣地看待數學，就算成功了。1811年，傑弗遜寫信給一個朋友，提到：「最近在指導我孫子學習數學課程

時，我告訴他，要以最熱切的渴望來研讀數學，這是我最喜歡的科目。時至今日，我心中依然沒有遺留任何的不確定，至今仍擁有的，都是無懈可擊的論證與心滿意足。」這種想法建構了你我，使所有的知識，不管是理論的或應用的，都變成自己的。

第 2 章

冷數字的咒語

當我知道光速是每秒 186,283 英里時，我就信了。我覺得印象深刻的是，光速居然可以量到這麼精確。這是一個冷數字（cool number），我說的「冷」是冷靜的意思，也就是說這類數字不會有嚴重的爭辯。但它雖沒什麼爭論，卻能激起熾熱的感情，這點我將會談到。在下一章，我會討論一些熱數字（hot number），這類數字往往在重大決策中扮演關鍵角色，而變得有些彈性。冷數字與熱數字都是危險的數字，會影響我們的判斷。我會談到怎麼避免受到它們的潛在影響。

有一次我在紐約曼哈坦區一棟公寓大樓等電梯，發現電梯的控制面板有些奇怪。一行奇數樓層的指示突然變成偶數，11 上面出現 14（見次頁圖片）。我正納悶：「怎麼回事？」卻也馬上明白原

我怎麼到13樓去？
(Photo by Donna Binder)

因：沒有13的樓層指示。一個與數字有關的古老迷信，在最現代的複雜科技成品中重現了。

　　在這棟大樓裡，並沒有哪個樓層不見了。它總共有18層，第13層也與別的樓層一樣好好的。但是控制面板上的最高樓層指示是19。迷信擔心的是13這個數字，並不是實際的樓層。一個這麼抽象、這麼單純，似乎沒有爭議的數字，這麼「冷」，卻成功地激發起恐懼的情緒。

「13」有那麼嚴重嗎？

　　回顧1884年，有一群紐約人想結束13不祥的迷信，特別成立了一個13俱樂部。他們在每個月的13號定期餐敘，每張桌子坐13個人，還特別訂定會費為每個月13分錢。儘管如此，他們指出，俱樂部的成員與其他社團的成員同樣健康、富裕且長壽。他們雖然

盡了力，13恐懼症卻仍然存在。

我正好很喜歡13這數目，一方面因為我喜歡嘲笑13恐懼症，另一方面因為13是兩個平方數的和，13＝4＋9。平方數是一個數目自己與自己相乘得到的結果。4是2×2，9是3×3，4與9都是平方數。

不過我最喜歡的數字是6而不是13，而且是自小就開始的。我之所以會對6情有獨鍾，大概可以追溯到我很愛我大哥的一枝古董左輪手槍，那枝手槍可以裝6發子彈。

幾年之後，我發現古希臘數學家也對6非常尊崇，因為它是除了自身之外所有因數的和，6＝1＋2＋3。希臘人稱這種等於自身所有因數和的數為完全數（perfect number）。除了6以外，下一個完全數是28，它等於1＋2＋4＋7＋14。沒有人知道是否有個最大的完全數，也沒人發現過有奇數的完全數（目前已知道在1後面接300個0之內的數字，沒有奇數的完全數）。這只是無數個未知的數學事件中，兩個很「簡單」的例子。

最近我對一個常被忽略的數字3/5感興趣。每當有人問我最喜歡哪個數字時，我常回答：「是3/5。」並注意觀察他們的反應。通常會聽到：「老天爺，你怎麼會選這個數字？」我就回答：「這個嘛，1/2與2/3經常有人提到，反而它們之間的3/5很少人注意到，不是嗎？除此之外，3與5也是很受人喜愛的數字呀！」

我特別提3/5不只是要大家注意這個數字。我主要的目的是想看看人們對分數（fraction）的態度如何。通常大家對分數沒什麼好印象。為了替大家建立更積極的態度，我特別在書中寫了第20章＜對於分數應該知道的事＞。在那幾頁資料裡，我會把每個人對這種完美、高貴的數字應有的認識，略做說明。

瞧一瞧數字的力量

話說回來，如果我有權利讚美數字 6，那就不應該奇怪有人會害怕數字 13。我的讚美和他們的恐懼顯示出，數字與語言一樣，能傳達一些弦外之音。以下我舉幾個例子，說明數字如何跳脫出原來的數字系統，產生自己的作用。

半世紀前，1 英里賽跑有個紀錄上的障礙是 4 分鐘。當時的人都認為這是個無法突破的難關，就像飛機的速率無法突破音障一樣。

1945 年，黑格（G. Hagg）跑出 1 英里 4 分 1.4 秒的成績，這個世界紀錄保持了 9 年。體育界人士都認為世界上沒有人可以破 4 分鐘的紀錄了。因此當 1954 年班克尼斯特（R. Banknister）跑出 3 分 59.4 秒的成績時，全世界都以頭版頭條來報導這項突破。雖然這項紀錄只保持了七週，但二十五年後，他當年的成就仍被人津津樂道。他是打破魔咒的人。

讓我們換一個角度重新審視黑格與班克尼斯特的成就。假設我們用秒來做紀錄而不是用分，則黑格的時間是 241.4 秒，而班克尼斯特的時間是 239.4 秒。就這些數字來看，沒有人會認為 240 秒是個障礙，因為 240 不是什麼特別的數字。

我們再換個方法比較他們的紀錄。這次我們假設所用的「秒」比我們正常使用的長 1%。那麼黑格跑一英里的時間就變成 3 分 59 秒。他，而不是班克尼斯特，就成為打破 4 分鐘障礙的大英雄了。班克尼斯特就與其他曾是世界紀錄保持人一樣，只是紀錄簿上的一個註腳。這就是數字的力量，會造成一個人命運的突然改變。

000,000,000的魔力

一串0排在一起的數字，似乎也構成某種特別的咒語。當汽車的里程表是49,999.9英里時，每個人都會注視所有的9字慢慢變成0。若錯過這段時間，很多人都會覺得懊惱。當然，一串0與其他任何數字，例如37,452，並沒有什麼不同。不過大概沒有人會特別注意由37,451.9變成37,452。

一串0的數字在現實生活中，有時真的會影響一些事。例如1941年棒球季的最後一場比賽開打之前，威廉斯（Ted Williams）的打擊率是0.39955，經過四捨五入之後就是很完美的0.400。但是威廉斯不願意接受這種有灌水之嫌的0.400。堅持要參加最後這場比賽做孤注一擲。很戲劇性的，在最後這場比賽中他的打擊率提升到0.406，越過了0.400的神祕高峰。

1995年，當紐約股價指數首次達到4,000點時，券商怕投資大眾產生心理障礙，不得不再三對投資人喊話：「記住，4,000只是一個數字而已。」

一串0在核武競賽也扮演過重要角色。1960年，美國當時有68枚洲際彈道飛彈，蘇聯大概只有4枚，我們當時決定製造1,000枚。為什麼是1,000？它是五角大廈的主管經過深思熟慮的戰略考量所做的決定嗎？恐怕不盡然。

可能有人提議10,000枚，也有人提議100枚。但10,000枚造價太高，國會不可能支持，而100枚顯然不夠？

再看看為什麼是1,000枚？它是10 × 10 × 10。為什麼用10？因為人有10根手指頭。換句話說，如果人只有8根手指頭，可能會要求8 × 8 × 8，也就是只要512枚飛彈，若是如此，可以節省個幾十億美元。

　　甚至波斯灣戰爭期間，有些事都受到冷數字的影響，尤其是一串 0。《紐約時報》曾披露下面這段談話：

　　沃勒很生氣地問：「爲什麼現在停火？」
　　史瓦茲柯夫將軍回答：「100 小時是很好的鈴響時刻。」
　　沃勒則罵了一聲。

　　即使一些看起來很複雜的數字，與那些後面有一串 0 的數字大不相同，有時也會像個咒語。例如，當我們得知美國的人口數是 256,437,125 時，第一個反應是佩服人口統計局，怎麼能得到這麼準確的數字。但回過頭來想一想，我們知道不可能這麼準確。別的不算，單是每天出生的嬰兒就大約有一萬人。

　　事實上，人口統計局曾經估計人口統計資料的誤差大概是 2%，也就是約爲 5 百萬人。如果統計局公布的全國人口數是在「2 億 5 千萬到 2 億 6 千萬之間，」局長大概會下台。畢竟各州選到華府的眾議員人數，是由各州的人口數決定的。這也是每十年必須做一次全美人口普查的原因。爲了給大家一個精確的印象，從而表示自己勝任，人口統計局絕不能用那種後面全是 0 的數字。

　　我在這裡只提了幾個很抽象的冷數字，它們藉著某種情緒的孕釀，發揮出數字本身的作用，從而影響我們的行爲。每個讀者都會有自己特別喜歡或不喜歡的數字。

　　下一章我會指出，任何一個數字都有可能突然間變得很熱門、很出名，即使有時候只是短短的五分鐘熱度。

第3章

熱數字

我們在報紙頭版看到的數字通常不冷，這些數字多半牽涉到重要爭論。這些是熱門的熱數字。熱數字的部分功效來自數字的言外之意，因為它們讓我們想起科學是很客觀的，代表了精確與邏輯思考。這些數字會被提出來，是因為涉及到幾百億元的投資或立法，而且常是爭論的焦點。熱數字往往是一套美麗說詞的關鍵。

在這個現實世界裡，若有人不厭其煩地去計算某個數字，一定是對這個數字有興趣，而這個數字也會影響到某項決定。沒有人只為了好玩，而花好幾天的功夫來找個數字。通常人們提供數字是要說服別人，在爭端中取得優勢。一旦爭論結束，數字就變冷了。設計來操縱別人意見的數字是熱的，與這成對比的就是冷數字。

當捲入一場逐漸升溫的辯論之中時，冷數字也會變熱，例如

1990 年紐約市的人口統計數字。當時市政府官員抱怨統計的人口
數目太少，一旦確定，將使紐約市損失幾百萬美元的聯邦基金挹
注。

冷數字都可能成為咒語時，熱數字更是能把我們完全征服，除
非我們做好防備。因此以下我舉一些例子，好讓大家對它們的影響
有比較好的防衛能力。

這麼精確，怎麼可能有錯？

舊金山市準備興建地下鐵系統的時候，有個熱數字扮演著核心
角色。在 1962 年，市政府要求市民對有史以來最龐大的市政建設
案，即灣區捷運系統投票。資料顯示，到 1975 年，預估每天會有
258,496 人次搭乘捷運。在這種營運規模下，每一搭乘人次可以產
生 13 分錢的利潤，足以應付所有的開銷。事實上在 1975 年，每日
的乘客不過 135,000 人次，表示每一搭乘人次會虧損 1.31 美元。

到底這個數字 258,496 是哪裡來的呢？它出自一份捷運顧問提
出來的報告，也就是所謂的交通專家提出來的報告。如果專家的預
測變成：「每日搭載人次可能在 10 萬到 30 萬之間，很難說。」這
項建設案很可能就通不過。（事實也如此，當年投票的結果非常接
近，只以些微票數通過。）

這個數字 258,496 有 6 位有效數字，表示專家使用的計算公式
非常複雜，不是一般凡夫俗子可以輕易領悟的。這種精確的印象使
得大眾一方面有更強的信心，一方面也受到壓迫：這麼精確的數字
怎麼可能有錯？

這個數字達成它的目的，使捷運系統興建，然後功成身退了。
至於數字本身的對、錯已經無關緊要。沒有人會再去舊帳重算，因
為那個數字已經沒有用了。只有學者才會不厭其煩地徹底瀏覽當年

的舊報紙，把它找出來核對。這個數字的目標是贏得爭辯，不是報導事實。

從某方面來看，這種預測有點像一則笑話，如果聽的人哈哈一笑，笑話就算成功了。追問笑話是不是真的，就有點搞不清楚狀況了。

牽涉到「預測」的數字通常都特別有效，這有兩個原因。首先，在作預測的時候，沒有人真的知道將來的情形會怎麼樣。其次是，我們通常很敬畏那些聲稱自己能洞悉未來的人。

預測的基礎要儘量隱藏起來，尤其是那種憑空想像或來自什麼異兆的。別有用心的人會用譬如下列的字眼把數字包裝起來：「電腦模型推演的結果」、「很複雜的迴歸分析技術顯示」、「專家發現」、「保守的估計」等等。我兒子約書亞在《房地產談判藝術》一書裡提到：「談判者提供的細節愈多，對手愈有可乘之機。因此談判的人要儘量保持深藏不露的樣子。」

熱數字的來源必須神祕

要討論熱數字，不能不討論「專家」這種角色。專家應該知道一些外行人不知道的事情。因此專家有權提出一些主張，卻不必解釋為什麼他的主張是正確的。專家在我們的社會裡，有點像原始部落的巫師，可以把一場豪賭正當化，變成該做的事，諸如採行巨型的減少犯罪計畫等等。而且當我們社會進行的計畫愈來愈龐大，愈往未來延伸，就必須把愈多的人貼上專家標籤。

我們怎麼知道某人是不是真正的專家？方法之一是檢驗他的聲明。只要你用心檢驗，要分辨某人是騙子還是專家倒不太難。但我們怎麼知道某人是不是捷運系統的專家？是不是某某領域的專家呢？我們只能用第二特徵來作判斷，例如學歷、職位、穿著舉止、

說話的態度、使用的資料與投影片的品質等等。不過最有效的第二特徵是他使用的數字。258,496這個數字一提出來，不只是支持灣區捷運系統案的通過，也確定了這位顧問的專家地位。那個數字就像最後一擊，所有的爭端到此而止。

有一類專家，比方氣象學家，常在預測裡使用百分比，例如：「有百分之三十的降雨機率。」意思是說，研究顯示在這種情況下作預測，後來真的下起雨來的機會是百分之三十。

似乎任何預測裡都應該有百分比存在的。如果這樣，則有關灣區捷運案的預測應該是：「有百分之五十的機會，1975年的每日載客量是25萬人。」但在這種叙述方式下，預測的數字就像氣象預報一樣冷，它不再是一個有說服力的熱數字。在這種淡淡的、無力的主張下，可沒有人會贊成一項耗資幾十億美元的興建案。

越戰期間，有一項理由支持戰爭繼續打下去，就是：如果北越贏得勝利，將有50萬人慘遭屠殺。但越戰結束後，北越只進行大規模的思想改造運動，並沒有大屠殺。這個數字到底是怎麼來的呢？原來是戰爭期間，越共曾處決了一個小村莊的五名領袖。有人知道當時越南人口是那個村莊的10萬倍，就把5乘上10萬。這個常被引用的數目50萬，的確使戰爭延長。如果當年的理由只是說「將會有一場大屠殺」，就沒什麼效力了。但加上數字就會有截然不同的影響。這說明了一句名言：適當的數字勝過千言萬語。

50萬這個數字，在離開起點以後就有了自己的生命，像離巢的鳥兒一樣自由飛翔，最後變成「實景」。然而，這卻是熱數字的一種特性，數字的來源通常隱沒在神祕之中，至少在它達到目的之前都如此。

熱數字很像橡皮筋

美國總統柯林頓曾聲稱，1994年的聯邦赤字減少了1,020億美元。這個數字看起來有點可疑，但似乎很容易計算。通常在一個熱數字背後總有一些對它感興趣的團體，嘗試去增減熱數字。熱數字很像橡皮筋，通常很有彈性。1994年的聯邦實際赤字是2,030億。你可能會認為赤字的下降是與1993年的赤字相減而來，其實不然。事實上它的算法是：如果沒有採取總統的計畫，可能會有多少赤字，再用這個假設值去減2,030億。

白宮估計這個臆測值是3,050億，用3,050減2,030，就得到1,020億美元的赤字縮減。但國會的預算辦公室不同意這個臆測值，他們認為臆測值最多只有2,860億，2,860減2,030，最多只減少了830億的赤字。更極端的人認為總統的功勞還更小，因為經濟復甦造成的效果約有500億，總統的計畫只不過減少了330億美元的赤字罷了。但不管怎樣，總統應該對施政的成敗負全責，就算經濟復甦的影響也好，這500億還是應該算成柯林頓的功勞。

假設有個汽車製造廠宣布：「今年新款車的價格只比去年增加2%，漲幅比通貨膨漲率還低。」但有消費者比較實際價格時，卻發現漲了8%。怎麼會這樣呢？原來去年的標準配備比今年的還多了好幾項，而且這新款車根本還沒問世。所謂的2%價差是與假想的新款車比較，就像聯邦赤字與假想的赤字比較一樣。

大玩冷數字加溫遊戲

即使在教育界，也常把很多冷數字加溫。舉例來說，美國每年的上課天數是180天，而日本約有220天。因此，為了加強學生的程度，有些學者就主張延長教育年限。

　　但事情並不是這麼單純。在美國，每年授課時數有 1,003 小時，而日本只有 875 小時。更進一步研究，美國國家教育委員會在「學習與時間」這個項目上發現，美國學生用在核心課程上的時間只有 41％。所謂核心課程是指：數學、語文、科學和歷史。因此在畢業時，美國學生念這些課程的時間是 1,460 小時，日本學生花在相同課程的時間有 3,170 小時。

　　以上每項比較都可以拿來支持不同的教育改革計畫，依次是延長教育年限、減少上課天數、加重核心課程時數。你想要有什麼結論，就會影響到所選用的統計資料。也許上面的數字沒有一個表達出事實，也許學生在家庭作業上花的時間才是關鍵，或者是一些無法量化的東西，比方父母親的態度。

　　美國報紙每年都會刊登一張排行榜，依序列出各州在教育上的支出，通常以每一名學生平均分配到的教育經費來表示。我原先以為這只是一個冷數字，只要把教育支出除以學生人數就行了。但即使這樣冷的數字也會變熱，各個利益團體為了爭取更多的教育經費或減稅，居然為它增增減減，爭論不休。

　　首先，這裡對「支出」和「學生」並沒有統一的定義。舉例來說，加州就不把由彩券收益所得的教育基金列入支出項目。不過加州有一項別州沒有的項目，約占全部預算的 6％，就是「贈與」。有些州為了爭取排名，常將教育經費灌水，連學校周邊的道路建設都算教育支出。更複雜的是，每州的生活水準和物價指數都不一樣。因此，如果你不知道所有計算過程當中林林總總的細節，就不知道這些數字真正的意義。

　　1993 年 6 月 22 日，《華爾街日報》上有篇文章，標題是「錢多沒有用」。文章裡有兩個表，一個是「各州平均每一名學生的教育支出」，另一個是「各州學生學科能力鑑定測驗（SAT）的排

名」。我們發現，每名學生花錢最多的十個州，SAT的成績反而不如花錢最少的那十一個州。任何一個納稅人看到這裡，一定會立刻下結論：為了提高學生的成績，必須減少教育經費。

證據不是十分明顯嗎？不幸的是，接著有更多的細節被人揭露出來。魏納（H. Wainer）在一篇＜花錢在教育上有用嗎？＞的文章裡，研究排行榜中所有數字底下的細節。他檢查了每一州參加SAT測驗的學生比例。舉例來說，在表裡，愛荷華州的學生經費很少而SAT成績很好，但只有3%的學生參加測驗。而康乃狄克州的學生花費很高，SAT的成績很差，卻有78%的學生參加測驗。最後魏納指出：「如果我們只挑出康乃狄克州學生當中成績最好的3%，他們的平均成績一定遙遙領先表中那些成績較好的州，這點連最挑剔的人也無法否認。」

小心！數字會說假話

很明顯的，當我們面對任何數字時，對於它表面上的值一定要戒慎小心。在我們周圍有這麼多爭端交錯的情況下，有時候真的很難測出數字底下的實情。

一件事就算有很好的數字佐證，看起來夠可靠了，我們還是要問一問這些問題：這些數字是哪裡來的？它用的術語怎麼定義？原始數據是什麼？如果它是民意調查的結果，調查時問了什麼問題？這個數字經過獨立的第三者驗證過嗎？是不是像科學數字那麼嚴謹？

曾有個男性團體，想要指出婦女並不是大家想的那麼弱勢，宣稱：「被判死刑的女性犯人，有一半以上謀殺親夫，而男性犯人謀殺髮妻的只有三分之一。」事實的真相是：七個女死刑犯有四個殺夫，而男死刑犯有2,400人，他們的三分之一是相當可觀的。這顯

示出分數是很好的掩護法，可以把很聳動的數字藏起來。

　　有時候很難瞭解，爲什麼一個看起來很冷的數字其實很熱，尤其是那些對我們再三保證的數字。當我們得到一項民意調查的結果，而且聽到這樣的宣告：「誤差在正、負 3% 之間，」我們會覺得自己已經知道這項調查結果的準確度了。但根據路易士·哈里斯（Louis Harris）民意調查機構的主席泰勒（H. Talor）的說法，「事實並非如此。民意調查的歷史裡充滿了超過所謂的誤差範圍的誤差。」儘管如此，新聞節目的主持人還是一再「保證」，可能的誤差在可控制範圍內。因爲這麼一來，就讓民調結果有了一種數學上的精確感覺。

　　常見的熱數字中，有一個是美國疾病控制中心（CDC）評估的愛滋病毒（HIV）帶原者數目。由於事涉個人的隱私權，很多資料是保密的，因此數據本身很不確定，估計在 60 萬到 120 萬之間。主張增加經費對抗愛滋病的團體，希望 CDC 把官方的估算值提高。而那些致力於防止愛滋病擴散的團體，則希望把估算值降低，以彰顯自己的工作成效。還有專家指出：「有這麼多人投入大量金錢做流行病學的調查，如果顯示出這種調查根本沒什麼結果，恐怕會引起投入者的恐慌。」CDC 於是陷入進退兩難的困境，注定會得罪一些有力團體。

冷靜，讓熱數字降溫

　　所以，任何時候都請記得說服自己，特定的熱數字可依提供者的目的而升升降降的，你應該親自去算算它。雖然剛開始的時候，某個數字看起來有絕對的說服力，但它可能在爭論的時候反而是個弱點。

　　對熱數字的最佳防禦策略是，不厭其煩地探究計算過程中的每

個細節：定義是什麼？調查時的問題是什麼？有什麼假設條件？有什麼數據？當然，一旦細節都攤在陽光下，大部分的熱數字就變冷了，也喪失掉說服力，這些數字就再也沒什麼用了。

第4章

不要編個數字在我頭上

　　為某樣東西命個名字，並不能保證這樣東西存在。以前科學家曾認為火是由一種「燃素」（phlogiston）構成的。有一度他們也認為光的傳播應該有一種介質，就像聲波的傳遞以空氣為介質一樣，並命名為以太（ether）。最後，就像小孩子發現並沒有真的聖誕老公公一樣，科學家也發現並沒有燃素這種東西，以太的主張也全部推翻。不過我們還是覺得，如果有個字，一定有件東西以它為名。就是一般人常說的：「看到了煙就一定有火。」

　　一般人的心裡還有另一種習慣，我打算探討一番。我們常喜歡用數字描述一件事，尤其喜歡用一個數字來度量它們，不管對象是很複雜的經濟情況或某一個人的智力。不幸的是，這種習慣不但沒有意義，有時還有負面的影響。於是像我這種很喜歡數字的人，也

不禁要質疑數字遭到濫用了。我會嘗試提出方法，讓大家對濫用的數字免疫。

假定我們還處在沒有數字的時代，我們仍然有辦法判斷兩個人當中誰比較高，只要他們兩人背靠背站在一起就行了。接著數字上場，在捲尺的協助下我們可以量出每個人的身高，身高的數字較大的人就比較高。這個辦法讓我們知道誰比較高些，就算兩人離開很遠也沒問題，即使兩人身處不同的城市仍然有效。身高是一種簡單的記號，可以用一個數字來表示。因此我們說身高是「一維」（one dimensional）的量。

人的體重也是一維的。就算沒有數字，我們也能判斷兩個人誰的體重比較重。只要這兩個人站在一枝天平上，雙方與支點的距離相等，然後看看誰沈下去、誰蹺起來就行了。因此體重也有一種以數字為主的標示法。

顏色該怎麼編號呢？

接著我們來討論顏色。一種色彩可以用一個數字來表示嗎？換句話說，我們能把各種色彩依序排成一行嗎？要回答這個問題，我們可以回想藝術家怎樣把黃、紅、藍三原色混合成各種色彩。舉例來說，調合50%的黃色與50%的藍色以及0%的紅色，就得到綠色。若調合60%的黃及40%的藍而不用任何紅色，就得到較淺的綠色。若混合50%的黃與50%的紅，而沒有藍，會得到橙色。或者20%的黃加30%的藍與50%的紅，可以得到另一種顏色。各種原色以不同的比例混合在一起，會得到不同的顏色。當然三原色的總和都是100%。

事實上，只要挑選兩種原色的百分比就可以決定色彩了，因為第三種原色的百分比已經被前兩個數值固定了。舉例來說，如果有

18%黃與32%藍，則紅色的百分比就是50%。

不像身高與體重，顏色沒有辦法用一個數字描述，它不是一維量，不可能將所有顏色依序排成一列。這使得顏料製造商有些困擾。他們通常把色樣的小紙片排列成一個矩陣。

學藝術的學生也同樣困擾，他們多半買不起很多不同色的原料。為了減少開支、避免混亂，他們通常只買幾管原料，再混合這些原料，調出自己需要的色彩。但如果他們把一幅畫耽擱太久沒持續動筆，可能會忘了各色的混合比例，就調不出和原來相同的色彩了。難怪美術學院的所有課程全都致力於色彩的原理與練習。

不過色彩的複雜程度還不僅如此，絕對不可能只用兩個數字來描述。除了色彩本身，藝術家還必須注意「明度」（value）與「彩度」（chroma）。明度代表一種顏色的明暗程度，而彩度則代表顏色的濃度或飽和程度。舉例來說，達文西有幅肖像畫幾乎只有一種顏色，但他利用色彩明暗的對比，得到非常戲劇化的效果。

除了上面談到的高度、重量與顏色之外，我們來看看草莓。食品學家發現草莓當中有超過1000種以上的化學物質，其中有15種嚴重影響草莓的滋味。滋味是芳香與味道的聯合作用。當你患感冒而嚴重鼻塞時，往往食不知味；食品學家與生理學家雖然做過許多研究，還是無法瞭解人對滋味的感覺機制是什麼。要描述滋味這種感覺，也許需要很多數字，也可能根本無法用一組數字來說明滋味的感覺。

ＩＱ零蛋又怎樣

暫且放下長度、重量、顏色與滋味這幾項，讓我們來看看關於人類「智力」的可能數字組合。不管智力（Intelligence，智能）指的是什麼，有一種號稱「智力商數」（Intelligence Quotient）的數

字，簡稱「智商」（IQ），居然自認為可以度量智力。若智力真的可以用數字來代表，那麼它必定是人類的一種很簡單的特質，就像身高與體重一樣，只是另一個一維量。那也等於說，人的心智是一種很簡單的事情，比草莓的顏色或滋味還簡單。

但「智力」一詞的意義究竟是什麼？根據字典的定義，它是一個人獲得知識並加以利用的能力。我換個說法，智力可說是一個人適應各種生命挑戰的能力。它包含了：判斷、經驗、毅力、情緒穩定力、溝通技巧、閱讀能力、應用所獲得知識的能力以及其他種種能力。智力一詞，就像燃素或以太，描述了一種很模糊的概念，我們甚至可認為它根本不能描述什麼東西。智力測驗的結果只代表每個人做這份智力測驗的能力。

心理學家吉爾福德（J. P. Guilford）利用統計分析的方法，指出：「最少有50種方法可以增進智力，這些當然是經過簡化的表現。」也就是說，若想要描述一個人的智力，最少要有50個數字。當然還得要這些方法能用數字來表示才行。

有一項對波士頓地區379位學童的長期研究，從1951到1992年，結果發現「這些學童長大後的收入與事業成就，與每個人IQ分數高低的關聯性，還比不上父母親對他的期望與給他的壓力。」另外一項長期研究也發現，預測一個人日後的成就時，有些重要的性格特質更居於關鍵地位，像是意志力、毅力、自我超越的意願。

我覺得如果沒有智力測驗這回事，我們的文明也沒有什麼損失。畢竟在首次智力測驗舉行以前，我們已經有了文藝復興、完成制憲以及工業革命，而且已經發明了火車、汽車和飛機。（我初一的時候參加過一次智力測驗，結果把我歸類在皮革匠的類別裡，我在實習時還做了一個深紅色的皮夾。幾個星期之後，我媽到學校抗議，才把我改編到拉丁文那組去。很顯然，父母親的期望比IQ更

有決定性的威力。）

在十九世紀，心理學家聲稱，藉著度量人腦的體積，可以量出人的智力。這個做法還有個令人印象深刻的名字，叫做頭蓋測量學（craniometry），事實上它已經消失在歷史的廢墟中。而IQ這項二十世紀的產物，最後也可能遭遇到同樣的命運。

莫札特和愛因斯坦誰聰明？

在我們大膽地用一個數字來描述某種特性時，我們應該先問自己這個問題：「這種特性真的這麼簡單，像人的身高一樣是個一維的量嗎？」接著我們就會面對這個關鍵問題：「有沒有簡單的方法可以來比較兩個物體之間的某種特性？」在身高與體重的例子裡，上面兩個問題的答案都是肯定的。

如果有人問：「莫札特和愛因斯坦兩人誰比較聰明？」你一定覺得這個問題沒什麼意義。這可警惕我們，不可能只用一個數字來測量智力。甚至不管用多少組數字，都不可能描述出智力來。

還有更荒謬的事，就是用IQ來比較不同種族的智力。分子遺傳學家指出，人類不同種族之間的分化時間大約只有10萬年，在這麼短的時間裡，各種族之間不會有太多遺傳差異。這段時間當然也不夠讓人腦發生什麼顯著的遺傳變化。其實同種族內每個人智力的差異，遠大於不同種族間的智力差異。如果每個人的IQ若干，已經很不可靠，那麼每個種族的所謂平均IQ，就更沒有意義了。

數字是迷人而具有威脅性的。在我們的社會裡，使用數字的人比使用文字的更高一等。有個政治學者曾經提出一個公式，公式產生的數字用於度量一個國家的「政治不穩定度」。依據他的公式，很奇怪的，法國比南非更不穩定，但當時每個有看報紙的人都知道，情形正好相反。可是一直沒有人去檢視他的公式，直到這位政

治學者被提名角逐美國國家科學院院士時，才有人去分析他這個公式。而這位政治學者的答辯，當然是失敗了。

中位數、平均數意義不同

再舉一個例子，說明一個數字很難代表任何一件很複雜的事。

在一張名為「美國薪水樣本」的表裡，《紐約時報》比較了1994年全美國49種不同職業的收入。為了比較上的方便，它用了一個數字來描述各不同職業的收入，它選的是週薪的「中位數」（median）。按照這個數字，醫師是996美元，換算成年薪大約是52,000美元。這數字比一般人想像的低太多，令人起疑。

我寫信給提供數據的勞工統計局。在他們寄給我的相同資料裡，我發現醫師每週的平均（mean）收入是1,586美元。中位數與平均數是完全不同的概念。中位數996美元的意思是說，有一半醫師賺得比這個數目少，而另一半醫師賺得比996美元多。平均數則是把所有醫師的收入全部加起來，用人數去除而得到的結果。平均數比中位數高很多，代表有不少醫師的收入非常高。

這些數據來自358,000位全職的受薪醫師，其薪水的詳細分布如次頁圖所示。

這些數字可以告訴我們的事，比任何單一數字多得多。任何嘗試想用一個數字表達某種職業的收入狀況，勢必得犧牲很多重要的資訊不可。而且即使表裡有這麼多數字，也無法全然表達出那一行業的所有面貌。舉例來說，我們知道心臟外科醫師的收入是家庭醫學科的三倍。

想要瞭解實情並不是容易的事，不論我們使用多少數字。不管用文字或數字來表達，真相本身都是稀世之珍，得之不易。

我們應該壓抑想把一種概念簡化成一個數字的衝動。當然在這

種令人開懷的簡化過程中，可以把模糊的概念變得精確，把複雜的事變得簡單，把虛構的想像化為真實。但不巧的是，生命中一些<u>重</u>要的事情，很少是一維的。

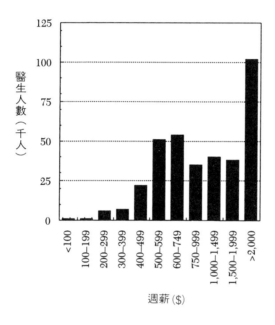

週薪($)

第 5 章

經驗 vs. 統計數字

　　當美國公共衛生局長聲稱，依據長達數十年的很多大型研究指出，美國每天約有 1,000 人因吸菸而死時，我們的反應可能是：「我叔叔每天抽兩包菸，卻活到 101 歲。」我們覺得自己駁斥了公共衛生局長的聲明。畢竟這是我們自身的經驗，雖然那只是少數個案，卻在我們心裡很生動地浮現出來，更具有說服力。

　　我們的意見是打哪兒來的呢？通常是由幾個例子歸納出來的。看見自己的鄰居做這做那的，我們可能歸納出所有紅髮美女或所有瘦子都是這樣。在這過程中，我們信任自己感覺到的證據。

　　以上兩件例子裡，我們都是由有限的資料得到結論的。這種情況稱為「由經驗作推論」，傾向以那些有戲劇性效果的例子為基礎，而這些例子常是最好或最壞的情況。這種推論過程基本上有它

固定的偏差存在。

在辯論社會福利制度的利弊時，有人會引證某些領救濟金的人其實是在詐騙政府。相反的，有人或許會舉例說某個中產階級的婦女，在一星期之內相繼喪夫並遭解雇，因為有救濟金才得以生活。

不同於由經驗推論，有一種科學方法可讓我們避免用很少的例子作結論，它的主要工具是數字而非語言。有一位統計學家曾經說過：「我們只相信上帝，其他的人不過是提供數據而已。」與只以少數極端的例子作結論不同，這個方法特別關心大量的例子。在意涵上，它與由經驗作推論正好相反，許多時候還會把一些極端的事例當成「離群值」而故意刪除。下面我們舉幾個例子來對照說明這兩種做法。

靈媒辦案靈不靈？

靈媒對警察辦案真的有幫助嗎？要回答這個問題，一般人可能會回想一些著名的犯罪案例，在這些案例中，警察人員諮詢了靈媒的看法，事後可以對照出這些看法對破案有沒有幫助。因此這個問題的答案，與你腦子裡回想到的案例有關。這是我們在日常生活裡經常會碰到的例子，辯論雙方都拿經驗推論互相對抗。後來洛杉磯警察局決定以科學方法來解決這項爭端。

犯罪心理學家克里弗（N. Klyver）與芮舍（M. Reiser）就做過這樣的實驗。一個探員挑選了六件謀殺案以及每件案子犯罪現場的證據，然後請12位靈媒、12位探員與11位大學生各自依據犯罪現場的證據，寫出有關犯罪者與被害者的描述。

結果這三組人描寫的內容有很顯著的差別，靈媒那一組平均都密密麻麻地寫了一頁半，其他兩組只寫了四分之一頁。而且靈媒寫出來的內容也大不相同，他們大都很有信心地詳細描述自己的直

覺。例如：

「我看到某醫院、開刀房……三顆子彈造成的傷口……我看得很清楚。」

「姓普萊斯的人，他右腕有問題，我一直得到62這數字。」

「8月9日，很重要的事與8月9日有關……打網球」

因為靈媒的報告比其他兩個「對照組」，也就是探員與學生的報告長很多，他們逮到真相的機會也比較高。除了這點之外，靈媒提供的資料並沒有比較好。沒有任何一個靈媒或對照組的成員，提供了任何有用的數據，例如姓名、車牌號碼等等。

下面列出來的是各組正確陳述的數目：靈媒，34；探員，27；學生，39。這些差異在統計上並沒有什麼意義。

克里弗與芮舍兩人結論說：「靈媒的協助不太可能有什麼幫助。也許那些自我意識強烈的靈媒，會堅持自己的想法一定有助於案情，主要是他們太相信自己的通靈能力。每個人都很容易受到有特殊戲劇效果的資料影響，反而較不會注意和案情有關的部分。」

要進行或解釋這樣的例子，我們不必是個統計學家。數字本身就說明了事實。

檢驗預言是否為真的辦法

按照同樣的精神，邏輯學家戴維斯（M. Davis）建議了一個測試占星家的占星術的方法。通常我們把某個人的星座告訴占星家，他就可以推算一些事，包括此人的性格與生活上的細節。

現在我們把過程顛倒過來：先告訴占星家某個人的生活細節及個性，讓他來推算出這個人的星座。占星家可以問對象任何問題，但不能問到生日。當然星座有12個，因此就算亂猜，占星家也有1/12的機會猜對。為了降低猜測的機率，我們可以讓多一點人來猜

星座，比如說24人。在這種情況下，就算沒有任何占星知識的人也可以猜對2人，但是若要猜對12人以上，機會就很小了。

戴維斯自己並沒有進行這項實驗，但真的要做也不太難。這個實驗的關鍵是要有一個自信十足的占星家。

在我們扯太遠之前，我想說明一個自己做過的簡單實驗，我建議讀者也可以重複試試。

每年的頭一天，很多大街小巷都會出現各種各樣的小報或雜誌，上面常有靈媒對新的一年所做的各種預測。我通常把它們保留下來。到了年底，再來看看到底有哪些預言說中了，哪些根本是錯的。通常，這些預言的平均命中率大約只有5%。

小報說什麼其實不重要，據我所知，讀者只對預言的內容感興趣，愈危言聳聽愈妙。對於任何參加這種新年預言大拜拜的人士，無論是靈媒、經濟學家、股票分析師或政治觀察家，你都可以在年底來檢驗誰說得準。

犯罪率上升了嗎？

電視的晚間新聞，最前面的五到十分鐘通常都是犯罪報導，畫面盡是一些用黃色膠帶圍住的犯罪現場。即使兇案的現場是離家二千英里遠的便利商店，我也會看到現場的殘酷細節。因此在插播廣告的時候，我常會起身檢查門窗。到底是近年來犯罪率已顯著升高了呢？還是電視新聞增加了犯罪方面的報導？這個問題也能用數字來協助解決。

我們不必等候資訊高速公路建構完成，才能得到相關的數字。事實上，周遭已充斥過多的數據。問題不是沒有資料，而是沒有時間來好好消化這些資料。舉例來說，美國聯邦調查局（FBI）每年都會公布犯罪調查報告，裡面的資料超過任何人所能吸收的數量。

讓我們看看美國在二十年之內（1973到1992年間），美國每年謀殺案的數目到底是增加了還是減少。

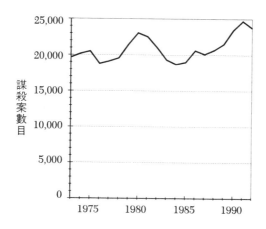

　　上圖顯示，在1984年有個18,700的最低點，而在1991年達24,700的高點。除此之外，似乎有些向上爬升的傾向。但在這二十年內，美國的人口數目已經由2億1千萬增加到2億5千5百萬。聯邦調查局也考慮到人口的增長，因此又提供了另一張圖（請見下圖），顯示每10萬人的謀殺案數目，由1973年的犯罪率9.4降到

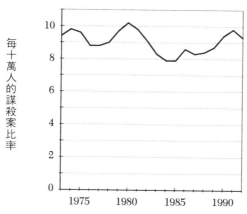

1992年的9.3。

這個圖提供的訊息與上圖不太一樣，它指出每10萬人的謀殺案比率在9左右起伏，並沒有逐漸上揚的趨勢。電視新聞裡謀殺案畫面的增加，只是電視加強對這類新聞的報導而已。而且1995年，美國幾個大城市的謀殺案比率還曾經大幅降低過。

我們由此看出，想真正瞭解事實的真相並不容易，我們的確很容易被誤導。

在同樣的報告裡，讀者還可以瀏覽到其他數據，例如暴力犯罪、竊盜、飛車搶劫等等。有些犯罪率上升、有些下降。你想表達什麼立場，都可以得到足夠的數據支持。

夜間開車比較危險？

另外有個問題，晚上開車真的會比白天危險嗎？一般人都有類似的經驗。但是我認為科學方法或許有助於釐清。我決定比較每一小時交通意外事故的件數與相對的交通量。舉例來說，假定白天的某個特別時段（以一個小時計），發生交通事故的比率是全天事故的6%，但這時段的交通量是全天的3%，則這時段就算危險度很高。相反，如果這時段的意外事故是3%，而交通量是6%，則這時段算是低危險度時段。

正巧加州交通局記錄了高速公路與許多主要道路各小時的交通量。而高速公路巡邏隊又保留有嚴重交通事故的紀錄，也是一小時一小時的。為了比較這兩項資料，我要來很多的電腦報表。次頁的圖就是我歸納出來的數據。

這個圖的縱軸是「每小時百分比」。舉例來說，若一天24小時中，每小時的交通量完全一樣，則每小時都是1/24，大約是4%。但實際上每小時的交通量會改變。夜間的交通量比較小，白天比較

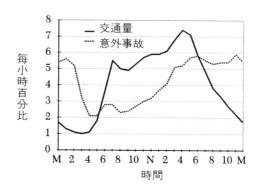

大，在清晨以及黃昏的上下班時段，交通量會出現兩個尖峰。

交通意外事故的圖形與交通量不太一樣。從早上6點到下午6點，它與交通量的趨勢一致。但為什麼交通量很少的晚上反而交通意外這麼多？一定不會只是黑暗的關係，因為意外事故率由清晨2:00到4:00下降得很快，而交通量只低了一點點。

為了解釋這個神祕現象，我特別定義了危險度。在一天當中的任何一小時，把事故百分比除以交通量的百分比，就是我這裡所說的危險度。舉例來說，若有某一個小時交通事故的百分比是6%，而交通量的百分比是3%，則危險度是6/3＝2。反過來看，若某一個小時的事故百分比是3%，而交通量百分比是6%，則危險度為3/6＝0.5。在事故率很高而交通量很低的時段，危險度將會很大；若交通量大，事故率反而很低，則危險度會變小，應該小於1。

次頁的圖是一天24小時當中危險度的變化。從早上6點到下午6點，危險度緩慢上升，但從傍晚6點到凌晨兩點，它卻急速攀升，原因何在？

正如一般人可能想到的，接著我就想瞭解那些發生死亡車禍的駕駛人，肇事時的酒精濃度。電腦裡連這類資料都有。

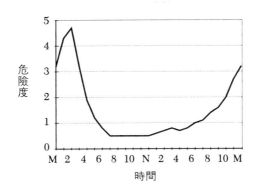

駕駛人血液中的酒精含量（BAC, blood alcohol content）若超過0.1%，也就是每千分血液中有一分是酒精，就算是酒醉的。後來加州把這個標準降到0.08%，也就是萬分之8。若BAC是0，我們說這駕駛是清醒的。酒精含量介於兩者之間的，則屬於微醺。

次頁的兩張圖是一天之中清醒駕駛人與酒醉駕駛人的數目。在第二張圖中，縱軸的尺度與第一張圖不同，因為酒醉駕駛人的數目非常少。

我發現一件很奇妙的事，酒醉駕駛人數目的圖形幾乎與危險度的圖形一樣。這並不是偶然的，在危險度達到最高峰的時段，大約80%的死亡事故，駕駛人是酒醉開車的。而在白天裡，酒醉開車肇事的比率降至20%。

我沒有辦法不去估算，酒醉駕駛人的危險度到底有多高。綜合了一些其他的調查數據，我發現酒醉駕駛人在任何時段，不管白天或晚上，比清醒駕駛人的危險度高出100倍。

我把這些結論的一部分，發表在某一份報紙上，連下來有好幾星期，其他報社的記者以及電視評論員紛紛用電話採訪我。終於大家都知道飲酒不開車，開車不飲酒了。原來酒後駕車有這麼危險。

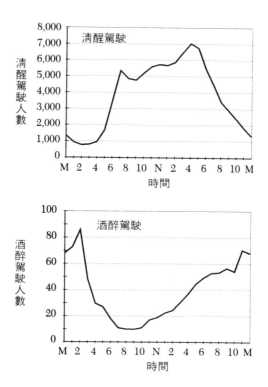

利用數字幫忙挖掘真相

　　日常生活中有非常多的議題，你只要運用數字加上一點點計算，就能得到客觀的分析結果，取代主觀的經驗或傳聞的看法。舉例來說，「職業拳擊生涯能否擺脫貧窮？」對冠軍拳手來說也許可以，但很多比較沒有名氣的小拳手呢？他們最後都缺乏有用的生活技能，在小酒館裡潦倒。

　　體育雜誌裡看不到這些人的故事。為了瞭解全貌，我們應該比較一下脫離貧窮的拳手人數，和那些無法習得一技之長而陷入更困

苦生活的拳手人數。畢竟一個好拳手需要的才能是無情地毆擊對手，其他沒有哪一種正當職業會要求這樣。

　　同樣的問題也可以拿來問籃球選手。全美國約有 50 萬個高中青年打籃球，能申請到大學獎學金的人不到 1%。而那些打籃球的大學生，只有少數人得以進入 NBA 職業球壇。以為會打球就有飯吃的人，可能需要找出數據來回答這些問題。

　　我們不禁想到，有多少平常用語言談論的問題，可以、也應該在數字的協助之下，以科學方法來檢驗與釐清。讀者會發現在今日的報紙上有多少反面的例子，都是以華麗的言詞、別有居心的民意調查、捏造的事件或引用極端不正常的例子，來做推論的。

第6章

事情不一定是這樣的

　　不曉得招誰惹誰了，數學這領域居然匯集了很多錯誤的迷思和傳聞。這可能有兩個原因：首先，每個人幾乎每天都必須和一點點數學接觸；其次，大部分數學已經脫離我們的日常生活，停留在特殊符號與不可思議的領域之中。我們對一件事瞭解得愈少，就愈不容易發掘真相；特別是當我們對某件事的信仰基礎薄弱時，往往更加堅持己見，好像我們愈相信它，它就愈會是真的。

　　這一章將要來挖掘一些這類的數學迷思和誤傳，探討真相。

數學才能與遺傳基因有關？

　　「數學才能與基因有關」這個想法風行全世界，尤其在美國最流行。我從未看到任何證據支持這個想法。至於為什麼有些人數學

學得比別人好，我反而可以提出一些解釋：因爲他們有效率地運用時間，進行有組織的學習。一個正常的人若關掉電視，多注意課業細節並持之以恆，一定能學好數學。

我說的數學是指現存的這一類數學，而不是創造新數學。我之所以會有上述的結論，是因爲我教過數千名大學生，並在各級學校長期擔任導師。每個人的身高、體重、髮色、種族、性別或國籍，都和學數學無關。這項觀察從幼稚園到博士生一律適用，甚至還可以延伸到踏入社會以後。

當然，有些數學家的小孩長大後也成爲數學家，但這和所謂的遺傳基因無關。有些馬戲團的特技演員，兒子長大後也成爲特技演員，可沒有人認爲有什麼特技演員的遺傳基因。

數學裡沒什麼新鮮事，全是一些死東西？

很多人認爲，所有的數學在幾世紀之前已經創造出來，並發揚光大了，現在學校裡教的只是這些老東西。

整數的十進制系統大約是西元600年由印度數學家發明的，1202年才由義大利數學家費布納西（Leonardo Fibonacci, 1170-1250）引入歐洲。至於我們現在用的十進制數字，即0, 1, 2, 3, 4, 5, 6, 7, 8, 9這些符號，則是阿拉伯數學家在西元1000年左右發明的，大約在1600年傳入歐洲。

幾乎所有高中的幾何學，都出現在西元前300年左右、歐幾里得（Euclid, 約西元前330-260）所寫的書裡。而三角學大約是一千八百年前，由希臘的天文學家發展出來的。

負數與使用英文字母代表數字，則應回溯到十七世紀。甚至使用前面幾個英文字母a、b、c代表已知常數，而使用末幾個英文字母x、y、z代表未知數，大約也可以回溯到這麼久遠。

　　學生看到的絕大部分數學，從幼稚園的算術到高中以上的微積分，都是三百年以上的古董。但這並不意味它們已經陳舊無用了。相反的，它們都是進入數學殿堂的大門。教導或學習這些即使已發明了六百年的數學，沒什麼不妥，它仍然是大多數人需要的數學。我們常用的某些英文字是直接由拉丁文引用來的，例如 item（項目）、exit（出口）、agenda（議程）、credit（信用），使用這些產生在二千年前的字，並沒有讓我們覺得有什麼不妥呀！

　　頂著桂冠的數學儘管歷史悠久，從文藝復興以來卻未曾間斷發展，迄今仍在持續成長中。事實上，目前仍算是數學的黃金歲月。為了讓大家瞭解數學研究的活力，我要引用幾個數字。每個月在學術期刊《數學評論》（*Mathematical Reviews*）上，大約有 600 頁的論文，而這些只是最新的純數學與應用數學研究論文的摘要而已。在一年裡，約有 50,000 件數學研究工作在默默進行。

　　雖然這些研究成果大部分都是短暫的，很少成為數學的永久部分，但有一定比例的研究工作會持續下去。要預測這些新研究有哪些會延續下來，哪些會消失無蹤，是不可能的。但有時候，以無比的睿智解決了一道有名的難題，或者重建了重要領域的基礎，或是在數學領域之外找到很有價值的應用，這些成就都不會很快被遺忘。還有些研究起初沒引起多大興趣，忽然成為新發現的基礎，立刻會鹹魚翻身變成大熱門。

數學家都在研究數字？

　　很多數學家，像邏輯學家、拓撲學家（topologists）、代數學家以及理論電腦科學家，可能永遠不必做任何計算，永遠不必陷在數字陣裡。有些最重要的數學發現和數字完全無關，例如布勞爾（L. E. J. Brouwer, 1881-1966）在 1926 年發現的「不動點定理」（fixed-point theorem）。我簡單做個說明。

假想桌上有一張圓形的紙，你沿著它邊上畫個圈在桌上，然後把紙撿起來。現在你任意去摺它，只要不撕破，愛怎麼摺都行。然後把摺好的紙團放回原來的圓圈之內。布勞爾說，紙上至少有一個點會回到原來的位置，或在它原來位置正上方的地方。這看起來是很明顯的事，證明起來卻不容易。它的證明屬於拓撲學的範疇。

再舉另外一個例子，它開展了所謂對局論（game theory）和一些物理學的應用。假設你可以把字母排成一列，使用a、b、c而不必有任何意義，例如accbacbac。這個特殊的字列裡剛好含有幾個連續重複出現的字串，例如cc是c字母的重複，而cbacba是cba字串的重複。另外還有bacbac是bac的重複。但是如下列字列，abacbabcab卻沒有連續重複的字串。現在的問題是，「一個字列可以有多長，還不會出現連續重複的字串？」令人驚異的是，字列可以有無限長，還不會連續重複。注意，在這個問題裡，數字完全無用武之地。

（延續這個問題，有個很迷人的小題目：如果只用字母a、b兩字，你能排出多長的字列而沒有連續重複的字串出現？）

數學家終日耗在電腦上？

很多數學家只用電腦做文書處理工作，很多數學家甚至沒有個人電腦。但確實有些數學家利用電腦進行各種計算工作。這些計算或者是太麻煩、或者太困難，若用手算可能一生都算不完。在這種情況下，電腦對數學家而言就像望遠鏡對天文學家那麼重要。我相信天文學家並不是終日或整晚都守著望遠鏡的。

數學都是由公理開始，再看有什麼定理，接著再找例題？

上面這個冷靜、有序的途徑並不是現代新數學的發展方式。若按照這種方式進行，數學很快就會乾涸。

下面介紹新數學一般的形成方式。首先，有些人想解釋或說明某些自然現象，或兩種數學概念之間的相似性，或是有人想要看看幾個例子或大量計算結果有什麼意義。在這裡，例題會先出現而不是最後才出現。

接著有人就去找假設，用這些假設來解釋謎題。這時候就會有定理之類的東西出現，包含著假設、證明和結論。接著，又有人會設法把假設削減到最少的程度，靠的是個人的才華和對新發現更深層的瞭解。

在證明過幾個相關的定理之後，有人就會設法建構一個有條理的系統，包含幾個假設與非常清晰的定義，由這裡可以發展出所有的相關定理。這些假設就叫作公理（axiom）。整體而言，實際的次序是例題、定理再到公理，和傳聞的次序正好相反。順便提一下，第一個把定理蒐集到公理系統之內的是歐幾里得，時間約在紀元前300年。

使問題變得複雜的是，有時候數學家會走入一條死胡同。舉例來說，他們可能起初會認為這問題應該是，就說是幾何學的吧，但後來卻變成是代數的問題。最明顯的例子就是古希臘的一個難題：設法用直尺與圓規，畫出一個20度角。

利用這兩種工具，他們很容易就得到一個90度的直角，把直角二等分，再二等分，可以得到45度角與22.5度角。接著利用一個等邊三角形，可以得到60度角。再依平分角的辦法，可以分別得到30度角與15度角。但不管他們怎麼努力，就是沒辦法得到20

度角。換句話說，就是沒辦法把60度角分成三等分。當然他們也做不出一個正九邊形（因為他們得不到360／9＝40度的角）。這是一個看起來像幾何學的問題，但是答案卻屬於代數的範疇。

萬茨爾（P. L. Wantzel, 1814-1848）在1837年指出，沒有人能只用這兩樣工具，做出一個20度角。因為有個數字——20°的餘弦函數（cosine），並不能經由整數的四則運算與平方根的方式得到。他的證明純粹是代數。

因此數學家就像偵探、登山家或探險家一樣，有時要很機敏，當原來的路似乎走不通時，要勇敢換一條新路線繼續前進。

數學家在30歲以後就走下坡了？

很多人認為數學家最重大的成就大多是在30歲以前完成的，過了30歲就開始走下坡了。這個迷思部分是來自兩個大數學家非常短命的印象，即挪威的阿貝爾（Niels Abel, 1802-1829）和法國的伽洛瓦（Evarsite Golois, 1811-1832）。他們雖然都英年早逝，但兩人對數學的貢獻卻非常大。伽洛瓦可以說一手建立了現代的代數。或許是受到這兩位數學家的影響，哈地（G. H. Hardy, 1877-1947）在《一個數學家的辯白》書中寫道：「數學家絕對不要忘記，比起其他的科學學門而言，數學是一種年輕人的事業。」

數學就像音樂、棋藝、網球、花式溜冰、游泳和體操一樣，青少年就可以做得很好。碰到15歲的數學天才，就像碰到14歲的網球好手或16歲的奧運體操選手一樣，不會有什麼不同的特殊印象。法國作曲家比才（Bizet）在17歲時就完成他的C大調交響曲，德國作曲家孟德爾頌18歲就寫出「仲夏夜之夢序曲」，都不會令我特別驚異。這些成就依賴優異的天賦、熱情參與以及努力，但不需要對人生與人性有廣闊、深刻的認識。但若一個青少年能寫出

深奧的戲劇或長篇小說，人物個性刻劃得非常深刻成熟，我就會覺得非常驚奇。因為創作出這樣的作品，對人性必須有很深的識見，而這只能靠許多年生活經驗的累積。

一個小孩是否有這種領先發揮才能的機會，通常是環境問題。舉例來說，阿貝爾在15歲的時候，原先很粗暴的老師被換掉了，新老師是很有啓發性的數學家，悉心指導他閱讀數學書籍。沒有這種轉變，我懷疑數學史上可能不會有阿貝爾這號人物。法國數學家貝特朗（Joseph Bertrand, 1822-1900）11歲就進了有名的綜合工科大學。這十分令人印象深刻，但如果你知道他的指導者法國著名的數學家杜亞美（J.C.M. Duhamel, 1797-1872）是他的姊夫，就會恍然大悟了。

此外，就算超過30歲，創造數學的才能也不一定會退化，例如：

懷爾斯（Andrew Wiles）在1994年、41歲的時候，經過了八年的努力，終於解決一道有三百年歷史的數學難題「費馬最後定理」。懷爾斯證明了若n是3以上的正整數，則沒有正整數x、y與z會滿足 $x^n + y^n = z^n$。

1976年，黑肯（Wolfgang Haken）48歲，阿培爾（Kenneth Appel）46歲，兩人合力解決了「四色問題」，這個問題自從1852年提出，百年來無人能證明。而這兩人證明了任何畫在紙上的地圖，若兩個靠在一起的國家要用不同顏色標示出來，最多只需要四種顏色就夠了。

1983年，德布蘭吉斯（Louis de Branges）52歲，證實了比伯巴哈（Bieberbach）在複數分析上的一項推測，這是1916年提出的問題。很多數學家都用錯方法證明這項推測，因此有個笑話流傳說：「比伯巴哈的推測不難證明，我自己就證過它十幾次了。」

阿培里（Roger Apery, 1916-1994）超過60歲之後，於1977年證明了所有整數立方數的倒數和，不是一個分數。也就是說，如果你把 $\frac{1}{1^3}$、$\frac{1}{2^3}$、$\frac{1}{3^3}$、$\frac{1}{4^3}$……等數全部加起來，它的值會愈來愈接近一個數，但是這個數沒辦法用a／b來表示，這裡的a與b都是正整數。大家稱讚這個證明過程「奇妙而華麗」。百年多來，大家早知道平方數的倒數和不是一個分數。事實上這個和是 $\pi^2／6$，是歐拉（Leonhard Euler, 1707-1783）在1743年發現的。

很多數學家到了70歲甚至更老，還繼續做出第一流的工作。蓋爾范德（I. M. Gelfand, 1913-）是俄國數學家，一直到80餘歲還有很重要的貢獻。他很像義大利作曲家威爾第，在79歲時還創作出歌劇「法斯塔夫」，一般人認為這是他最好的作品。

身體健康、家庭幸福、儘量避免繁重的行政工作，可能是數學長期創造力的關鍵要素。我把「數學家一生中到底哪一段是最佳歲月？」以及「為什麼有些數學家終身都能維持創造力？」這兩個問題，留給歷史學家和心理學家去研究。

數學的長長歷史中，充滿了迷人的純真事例，但是一些迷思、軼事卻也增添了數學的魅力。這裡就依時間的先後順序，寫出幾則有趣的誤傳。

埃及人用繩索結成 3-4-5，做成直角三角形？

在一本1993年出版的幾何書上，你會發現到這一段陳述：「為了形成一個直角，古埃及人利用一段繩索結成十二段相等長度的結，然後依長度3、4、5的比例，形成一個三角形。」如次頁的圖所示。

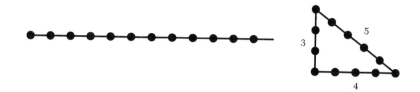

　　埃及人當然有繩子。如果你參觀紐約的大都會博物館，在東側的埃及館裡，你會看到一段古埃及的繩子，看起來和現代繩索沒什麼不同。在壁畫上，也可以看到古埃及的測量員如何應用繩子來協助測量，就像現代測量員使用長捲尺一樣。而邊長比例為3-4-5的三角形當然是直角三角形，埃及人的金字塔裡也有直角三角形。

　　但是沒有證據顯示埃及人用過這種結繩技巧來做直角三角形。這個傳說完全來自歷史學家康托（M. Cantor）的猜測。他在1907年出版的四巨冊的《數學史講座》裡提到：

　　埃及人有木匠用的屈尺，這在木匠工作室的壁畫上可以清楚看到。但這工具的準確性多半是想像的，因此似乎要有一些幾何方法來重建直角。所以，我猜測，在寺廟奠基這種隆重的場合上，應該會重新檢查屈尺的準確度。而且為了公信力，這個檢查儀式在寺廟奠基典禮上應該是公開的。

　　我們首先假設（這假設暫時沒什麼依據），埃及人知道當三角形的邊長分別是3、4、5時，它兩個短邊的夾角正好是個直角。現在我們假設他們把一條繩子等分成12份，分別結個結，形成3-4-5的長度。用這個繩子繞成三角形，就構成一個直角。

　　康托從來沒有說他在書中的陳述是事實。事實上，他的推論過

程做了很多假設，而他也交代了。但是時間流逝，人們忘記了康托所作的假設，使得「猜測」變成了歷史事實。

曾經有個歷史學家勸我，不必理會那些沒有明顯證據支持的歷史陳述。所謂明顯證據也稱為原始資料。這個建議正好投我這個數學家之好。我喜歡從設立假設開始，然後符合邏輯地一步步推演下去，乾淨俐落。因此我不太喜歡看歷史小說。我喜歡歷史，也喜歡小說，但不能把兩者混在一起，否則我會不知道自己究竟置身何處，就像我把一碗青豆濃湯和冰淇淋混起來吃一樣怪異。

黃金比率會出現在雅典神殿、壁畫上、人體中？

黃金比率是指（$1 + \sqrt{5}$）／2這個數字，約為1.618。很多文章指出這個數字是許多美麗事物的設計關鍵。但是馬可夫斯基（G. Markowsky）曾經寫過一篇文章＜黃金比率的誤解＞，說明了各種不正確傳說。我在這裡只略為提一下他的發現。

雖然古希臘數學家提到過黃金比率，但他們並沒有把這個比率與美學連在一起。黃金比率只是一種把一條線段分成兩部分的方法：假設在線段AB之間，只有一點C，可以使AB與AC的比率正好等於AC與CB。這點C，使AB／AC等於AC／CB，就稱為黃金比率，這個名字是1835年才出現的。

大金字塔裡真的有黃金比率嗎？有這麼多的尺寸，如寬度、高度、斜高、邊飾寬、半寬……等，你可以由其中選出任何你想要的數字，就像你能由字母群中選出任何你想要的字母。黃金比率影響金字塔設計的說法，首見於1859年，是根據一本捏造的希羅多德

（Herodotus）翻譯作品而來的。

同樣的，說黃金比率出現在雅典的神殿、達文西的壁畫、聯合國大廈、人體結構等，也都缺乏根據。上面這些例子裡也都有很多數字，你可以選擇任何自己喜歡的數字，從2到0.75都能得到強烈的支持。

也許大多數人常常聽到：最美麗的長方形，長是寬的1.618倍。意思是說長與寬之比是黃金比率。這說法也沒什麼證據。馬可夫斯基曾經做過實驗，要大家由不同長、寬比率的長方形中選出最好看的，最多人選擇的長方形，其長與寬之比是1.83。如果你還相信黃金比率，自己也可以做做相同的實驗。

阿基米德曾大喊「尤里卡」，而且聲稱自己能移動地球？

我們常聽說，當阿基米德發現了浮力原理時，他從浴缸裡跳出來，赤裸裸地在街上狂奔，口中還高喊「尤里卡」（Eureka），希臘語的意思是：「我找到了。」阿基米德也許曾做過，也許不曾。但是他所遺留下來的資料裡，從未提過這件事，這些資料的描寫有些是十分爽直的。

上面的故事最初是由羅馬建築師維特魯威厄斯（Vitruvius）提到的。他活在西元前一世紀，比阿基米德整整晚了兩百年。阿基米德死於西元前212年。故事是這樣寫的：

當他把身體浸入浴缸時，看到浴缸的水往外流，而且流出來的水量剛好等於他浸於水中身體的體積。他忽然發現一個方法，能解決國王的皇冠是否為純金的問題。由於長久以來困擾他的難題能正確解答，他喜不自禁，立刻跳出浴缸跑回家去，也不管自己來不及穿上衣服，一路上用希臘話高喊「尤里卡！

尤里卡！」

　　依我看，這是加油添醋的捏造故事，離事實頗遠。我覺得阿基米德有很多了不起的發現，應該不會每次都在城裡跑來跑去，興奮得不得了。但這傳說也有可能是真的，我以「對待一粒鹽」的態度面對它。「對待一粒鹽」是羅馬諺語，意思是「保持平常心」。

　　至於阿基米德說他能移動地球的聲明，最早出現於普盧塔克（Plutarch）的《生活》，那是阿基米德死後三百年才寫的書。書上說，阿基米德曾宣稱：「如果有另外一個世界，而我也能到那兒去，我可以移動這整個世界。」

　　現今的傳言，似乎是從上面這份資料輾轉傳播而來的。也許還有更早的書面資料，但已經全部散失了。不過我覺得奇怪的，是這份有關阿基米德的殘存資料為什麼出現得這麼晚。他的成就如此輝煌，似乎不必在他的生命裡添加任何虛構的故事了。你只要閱讀關於他處理浮體的情形，就會深受感動，他在浮體裡發現了有關船舶結構的科學。我用下圖來說明他的發現。

　　假設有兩塊拋物線外形的木頭，立在桌上。如果你傾動左邊那一個，它會回復原來的狀態。但如果傾動的是右邊那個，它就會立刻倒下來。阿基米德發現，若是拋物形物體夠淺，就不會傾倒，若是拋物形物體過高，就會傾倒。

牛頓發明了微積分來解決行星運動問題？

牛頓發明微積分是在1665和1666年間。而他處理行星運動軌道的問題大約在1680年，他是採用幾何方式，而非微積分演算。有些歷史學家聲稱，牛頓起初是用微積分來分析行星軌道的，但是懂微積分的讀者實在太少了，他才改用幾何方法重述了這個問題。不過從牛頓遺留下來的手稿裡找不到這種說法的相關證據。而他的手稿可不少，有好幾百頁呢。

伽洛瓦是在決死戰前夕才寫出偉大發現？

「伽洛瓦是在決鬥的前夕才寫出他在數學上的偉大發現，後來在決鬥中喪生。」這項傳說起源於貝爾（E. T. Bell）在1937年出版的一本書《數學人物》：

整夜，他一小時又一小時激動地運筆直書，寫下自己對科學的願望和遺囑。由於預知自己可能在決鬥中喪生，他必須和時間賽跑，在黎明之前將自己波濤洶湧的思緒，記下隻字片語。在手稿的邊緣上，不時出現了潦草的「我沒時間了，我沒時間了」，接著就是幾頁狂暴、凌亂的綱要。這個晚上他在幾小時內寫出來的東西，會讓後世好幾代的數學家忙上幾百年。

伽洛瓦的確在決鬥中喪生，而且在決鬥前夕，他寫了幾封信，也解釋了一些他寫的論文，他在其中一份寫到：「我沒時間了！」但只說了一次。除此之外，貝爾書中的描寫都是虛構的。羅斯門（T. Rothman）在＜天才與傳記作家＞一文中提到：「伽洛瓦從17歲就開始提出有關群論（group theory）的論文。在決鬥前夕，他

解釋了一些自己的論文並略作修正。」那些會讓數學家忙碌的東西，其實是在決鬥之前一到四年裡陸續寫出來的。

高斯測量三座山頂構成的三角形，以驗證歐幾里得空間？

好幾年來我都聽說，偉大的德國數學家高斯（C. F. Gauss, 1777-1885）曾經測量了三個山頂所形成三角形的內角和，檢查是否剛好為180度。如果不是，我們的空間就不符合一般習慣的幾何規則，我們的空間就不是歐幾里得空間。

克萊恩（M. Kline）在《從古代到現代的數學思想》書中提到：「他發現三個內角的和大於180度，超出了14.85弧秒。但這個實驗無法證明任何事，因為實驗過程的誤差比這個結果大很多。」克萊恩甚至引用了一頁高斯在1827年發表的論文，上面有測量數據。

高斯真的做了這個實驗，但目的是要查證地球是否真的不是個完美的球體（兩極比赤道扁平），是否會嚴重影響他在德國漢諾威所做的測地學計算。

米勒（Arthur Miller）於〈高斯在歐幾里得空間特性實驗的傳說〉一文中提到，高斯從未聲稱他的實驗和空間特性有關。米勒推測，這項傳說或許與愛因斯坦的廣義相對論有關。廣義相對論發表於1916年，論文中提到：「空間是否彎屈的問題，現在有了新的意涵。」

由於愛因斯坦使用到的數學，是德國數學家黎曼（Georg Riemann, 1826-1866）在1854年發展出來的，而那又與高斯在1827年發表的論文有關，因此有人陰錯陽差地做了過度的延伸（當然沒有仔細閱讀過相關論文）。

愛因斯坦小時候算術很差？

有人認為愛因斯坦是數學家，但其實他並不是。愛因斯坦並沒有創造出任何數學，只不過把既存的數學應用到物理宇宙而已。說他是「理論物理學家」或是「數學物理學家」更正確一些。

他算術很差嗎？不見得。相反的，他的算術其實很不錯。傳說他算術不好，其實是來自學校計分方式的改變。當他還是學生的時候，他們學校改變了以往的計分方法，因此原來還不錯的成績變得不太好。任何人如果只看愛因斯坦的成績單，而不瞭解這種計分法的改變，會認為他忽然之間喪失了數學能力。

沒有諾貝爾數學獎，是因為某個數學家和諾貝爾夫人有染？

傳說數學家米塔格累夫勒（Gosta Mittag-Leffler, 1846-1927）和諾貝爾的妻子有染，而他原本是諾貝爾數學獎的候選人。這個傳說投合了數學家的自尊（因為這麼重要的一門科學居然沒有諾貝爾獎來肯定），但有一點破綻，就是諾貝爾沒有結婚，當然他也沒有妻子。換句話說，諾貝爾終身保持獨身。這就是此傳聞的真相。可能是有個人開玩笑地講了個笑話，以後就傳開了。其實沒有證據顯示諾貝爾討厭米塔格累夫勒。

結　語

　　若因我揭露這些傳說的眞相,而剝奪掉任何一位讀者對它們的喜愛,我深致歉意。我相信歷史事實很清楚地擺在那裡。

　　仔細閱讀歷史文件,包括當時的信件、日記等資料,是一種享受。在閱讀的時候,我覺得自己和過去的事實非常接近,沒有人梗在中間,就像我在處理數學的事件與原理一樣。我想這就是爲什麼有人會蒐集舊報紙,重演林肯和道格拉斯的辯論、或美國南北戰爭中的蓋茨堡(Gettysburg)戰役,觸摸投擲原子彈於廣島的那架轟炸機,或珍愛由柏林圍牆拆下的一塊水泥塊。他們想要繞過那些梗在他們與歷史之間的「一層又一層的歷史學家」。

　　想想看,我喜歡數學的原因,就和我喜歡自己直接探索歷史一樣。當一個定理寫在我書桌上的一張紙上時,它和我之間沒有任何阻隔。我們直接面對面接觸,沒有任何僞造的傳說跑出來,然後一直流傳下去。我看到的就是眼前的東西。在今天的社會裡,似乎任何事情都裹著一層外衣,與數學眞實相待的經驗是非常稀有的。

第7章

敏捷的白癡

　　今日的汽車基本上和百年前的汽車沒什麼兩樣：都有四個輪子、引擎、油門、煞車、方向盤和頭燈。雖然現代汽車多了很多舒適的配備，但古董車仍然能夠和現代汽車並駕齊驅，一起在公路上奔馳。我猜想百年後的汽車應該也和今日相去不遠。但電腦可完全不一樣，沒有人能預測電腦將來能為我們做些什麼，就算只差幾年都猜不準。事實上當你新買一台電腦的時候，它已經開始變舊了。

　　電腦有兩項基本特質。第一它非常快，有些電腦在一秒鐘內可以運算十億次以上；其次，它幾乎不會錯。這兩項特質混合起來，使我們可以免除例行的腦力工作，就像蒸汽鏟和真空吸塵器使我們免除日常的體力勞動一樣。只不過半個世紀，電腦就悄悄溜進我們的生活，不知不覺變得這麼平常。其實關鍵日期還可以縮得更近：

1977年蘋果牌個人電腦開始發展，帶動了整個風潮。

當我停下來思考這件事時，才發現電腦在很多方面已進入我的生活領域，比預期的還多。

● 起動汽車時，電腦調整引擎裡空氣與燃油的比例。

● 電詢銀行的存款餘額時，應答的是一具電腦。

● 在加油站或便利商店都不必付現金了，只需要一張塑膠卡片，這還是要感謝電腦。

● 缺錢的時候，只要把提款卡塞進牆上提款機的縫裡，就領得到錢。不論是假日或銀行打烊，甚至離家數千里都不成問題。

● 看電視的時候，有時會看到生動的電腦動畫，一些商標在盤旋、轉動或擴張。這也是藉由電腦來完成的精采表演。

● 玩保齡球的時候，自動置球機把球瓶揀起、重排，已經是老把戲了，現在經由電腦和置球機的連線，還可以自動計分，累計全倒加分後的全局分數。

● 打長途電話時，看不見的電腦迅速找出空線路接通電話、記錄時間與號碼，並算出金額。每個月電腦還會列印帳單。

● 想找一篇數學家阿培里發表於1960年左右的論文，我起初很辛苦地翻閱了好幾年的《數學評論》期刊，都找不到。後來圖書館員告訴我，這份期刊已燒錄進光碟。我進入光碟系統，幾秒鐘內，螢光幕上已列出所有阿培里在四十年裡發表的論文。

● 在我的研究過程中經常利用電腦來計算。如果只靠手算，這些計算有時要費數十年的光陰。計算結果有時會推翻一些猜測或提供一些新的想法。在這種情況下，電腦對我而言就像望遠鏡對天文學家、或顯微鏡對生物學家一樣。它使我能在數學現象的宇宙裡看得更遠、更深入。

● 我在研究酒醉與清醒駕車的時候，必須做一個統計表，列

出在一星期的168小時內，每小時意外事故與交通量的數字。然而為了得到這168小時裡每小時的危險度，我要把意外事故的數目除上交通量。就算有計算機，這也是很繁瑣的工作。但電腦在一秒鐘之內，就完成168次除法，得到一張展開表。

● 我也利用電腦打出一份充滿數學符號與複雜標記的論文。藉著特殊軟體的協助，我打出數學方程式就像打一般的文句一樣容易。由於在我和最後的定稿之間，沒有排字工人介入，因此發生新錯字的機會大為減少，以前常稱這種錯誤為「手民之誤」。我已經取代了打字排版公司的位置。

● 如果用一台數據機把我的電腦與外面的網路世界連線，我可以發信給一位在匈牙利的數學家，而且當天就能得到回音。比起俗稱「蝸牛郵件」的航空信來回最少要三星期，簡直不能比。

電腦萬萬歲，麻煩跟著來

寫這本書的時候，我用電腦做文書處理。事實上在寫初稿時，我是用鋼筆和墨水，那時經常要把筆尖伸進墨水瓶裡，好像我用的是十八世紀的羽毛筆似的。

記得有位工程師勸我：「要使用運動構件最少的裝置。」後來我改用電腦來處理文稿，編排工作真是奇妙極了。我若想把兩段文字互換次序，不必再重打一頁，我若想把某段刪除，也不必整章重打。在以前使用打字機的年代，這些都是無法避免的工作。不過我必須時常提醒自己，雖然螢光幕上的字跡總是乾乾淨淨、完完整整的，可千萬不要認為剩下來沒有什麼事好做了。就像我兒子約書亞在《律師實務》一書中提醒他的律師同僚說的：「電腦當然能幫你有更多的生產力，但是它也會讓你只注意到細節（各種各樣的格式和排版方式），而忽略了大的架構。」

　　但是當硬碟故障、按錯鍵或斷電時，電腦會毫無預警地突然當機，很可能整天辛勤工作的成果全部泡湯。電腦就像物理學家說的，處在一種「不穩定的平衡」狀態，很像一顆蛋直立著，稍有偏差就會觸發危機。

　　我想到有個同事，沒有存檔或印出資料，居然把全班整個學期的成績紀錄全毀了。因此，個人電腦的使用者一定要定期複製資料，最少每天一次。

　　一些大型的機構甚至需要有第二台電腦，專門複製主電腦的工作與記憶資料。很多「重要任務」，例如登陸月球，可能會有三台一模一樣的電腦進行相同的計算。

　　當我們把愈來愈多的電腦和受電腦操作的設備擺進家裡、車上、辦公室和工廠時，擾人的故障與維修問題跟著產生；可是家裡的洗碗機、洗衣機、烘乾機、微波爐、電視、收音機、時鐘、爐子和冷氣機等等電器用品，可從來不會有這樣的顧慮和麻煩（當然我也曾經接連好幾天，一再催促維修人員來修理）。有時我也有擺脫各種電器用品的衝動，甚至包含電腦在內，想去過一種簡單的生活，一種不受小故障困擾的生活。

　　雖然電腦科學家談到電腦的人工智慧，而且為電腦寫出能打敗優秀棋手的軟體，但我們還是要記住，電腦只是一大堆能以極高速率開開關關的裝置。基本上它並不比打蛋器聰明。有時我會懷疑電腦是不是有思想，例如我在應用它的拼字檢查功能時。但是當它的字庫裡沒有 Leibniz 這個字，而把它改成 Albion 時，我會再度想起它那很深奧的愚蠢。

　　電腦只做你告訴它怎麼做的事，它得到的結果取決於你輸入的資料。正如一位程式設計師的警告：「輸入垃圾就輸出垃圾。」那些說「這是電腦預測」的預言家，其實是說：「我做了一些假設，

定義了一些變數，給這些變數一些數值，然後開動電腦，結果就出來了。」假設條件與程式決定了電腦會輸出什麼東西。簡單地說，就是「輸入意見，跑出意見。」正如一位經濟學家的警告，如果你連在信封背面做算術的能力都沒有，電腦幫不上什麼忙。

當心搞電腦預測的笨蛋

下面這個例子，說明了為什麼我們對電腦協助做出來的預測要特別當心。1980年代旅館過度建造，因此有人擔心1990年代的旅館會供過於求。有一篇名為＜旅館業苦惱的原因＞的文章裡有這麼兩段話：

雖然科技的進步非常快……人還是難免會犯錯。使用電腦模型來預測未來的現金流向，會使很多人誤解，以為投資分析已是一門很確定的科學。電腦可以模擬許多不同的狀況，這種能力使得我們大玩「如果怎樣，會怎樣」的遊戲，從而修正自己的判斷，不知不覺接受了這種屬於偽科學的確定性。

電腦模型很少著眼於負面的假設情況。很多分析師會「調整數字」，修正通貨膨脹率、強調住房率，稍微調升比率並削減開銷。當電腦的分析結果不符期望時，他們會改變數字，直到得出想要的結果。

我對所謂的「電腦預測」報告通常沒興趣，除非我知道它依據的所有假設。換句話說，我寧願和一個會腹語的人說話，也不願和一個嘴巴雖然會動、但只會模仿別人思想的笨蛋打交道。

電腦也已經逐漸滲入各級學校的教室中，允許學生做些數值或幾何的實驗。若只靠紙筆，這些實驗勢必過度繁雜。但倚賴電腦的

情況是有危機存在的，特別是那些由稅款來支持的公立學校。由於缺乏充分的系統支援，他們的電腦常會故障，破壞了一些精心設計的教學計畫。最後，許多電腦都荒廢掉了。

另外還有個危險就是電腦很可能扮演專制教師的角色，「不要問為什麼，照我說的做就是了。」這時候電腦就成為神祕的黑盒子，使用電腦正好讓學生養成依賴性。這種情況在數學的教學上最糟糕，學生應該發展出對自己的信心，而不是由於信賴什麼而來接受數學。有幾位老師曾經告訴我：「當你很容易按鈕的時候，質疑的能力就逐漸喪失了。」

電腦儲存與操控大量資料的能力，使得權力轉移到那些能累積大量個人資料的組織中。它的好處可能是：當警察攔下一輛超速汽車時，能立刻檢查駕駛人的相關紀錄。壞處則是：任何一個團體都可能掌握許多個人資料，如購物模式、信用紀錄、健康和旅行資料等等，以致侵犯到個人的隱私權。

當我想到工業革命和電子革命有這麼多奇妙的發明，讓我們節省勞力和腦力時，有兩個問題卻使我很困窘。為什麼我們大多數人仍然需要這麼辛苦地工作，卻少有閒暇？我們比父母輩或祖父母輩快樂嗎？我們是比以前更舒服了，日常雜務也更容易處理，但這些「改進」當中，事實上哪些反而是美好生活的障礙？我們在不知不覺當中支付的隱藏成本是什麼？當有一天決算的帳單拿出來時，我們可能發現的成本，也許高出現在看得見的、廣受宣揚的益處。

當我念到我母親十三歲（1903年）所寫的日記時，腦海裡不禁浮現出上面的問題。日記的內容大體如下：「上學、上小提琴課，傍晚上鋼琴課，練習。替起居室的沙發補靠墊。」那是截然不同的生活方式，生活的必需品較依賴自力更生，大家也比較有時間發展並探索內在的資源。

　　我們會不會是爬在艾雪（Escher）所畫的那種無止境的迴旋梯上？自己認為一步步地往上走，後來卻驚異地發現又回到了原點，或其實位置更低？我是個樂觀主義者，認為答案是否定的。但是這個問題還是值得大家深思——當然不是用電腦來思考。

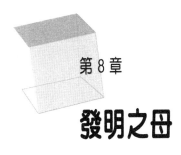

第8章

發明之母

　　有句拉丁古諺，說「需要為發明之母」。這句話改成「好奇為發明之母」，同樣成立。十九世紀初，驅策英國物理學家法拉第（Michael Faraday, 1791-1867）探索電與磁的，是好奇而非需要。曾有人問他：「這些有什麼用？」他反問：「一個初生嬰兒有什麼用？」他當時可沒有想到電報、電話、電燈、收音機、電視、雷達或CD音響。驅使他前進的，是想回答物理、化學、生物與數學的基本問題。「什麼東西是我們所居住的宇宙的本質？」或更簡單的，「什麼是真理？」

　　這些問題的答案得來千辛萬苦，卻成為人類文明的珍寶，增加了我們的選擇性，擴大了我們的行動力量，不論結果是有利或有害都一樣。

　　想要預測某項措施的長期影響非常困難，甚至不太可能，特別是新發現。當1947年貝爾實驗室發明了電晶體時（*請參閱《矽晶之火》一書*），大家都認為它只是用在助聽器上的一項設備，沒什麼其他用途。他們當然沒料到電晶體可以使電腦變小。

　　在1949年，IBM曾經預估全球的電腦需求量，認為只要有15台就夠了。當湯斯（Charles Townes, 1915-）與蕭洛（Arthur Schawlow, 1921-）在1958年發明雷射（laser，*請參閱《雷達英雄傳》下冊*）時，他們也沒想到將來會用在便利商店和圖書館的掃瞄器、CD音響設備、精密測量儀器、眼科手術或光纖電纜等玩意。

　　很多原本完全屬於數學領域的發明，後來也在「真實世界」裡轉化成令人驚異的應用。它們的原始靈感來自數學家的好奇心，來自強迫自己設法回答某個問題，在未知的領域裡探險。這一章我要舉三個這種例子。

扭結

　　1880年代，物理學家相信光是經由某種物質傳播的。這種物質稱為「以太」，充滿在空間的所有角落。他們也猜想，原子只是一種以太糾纏的扭結（knot），不同的原子對應於不同的扭結。

　　我們在這裡先暫停一下，看看數學家是如何看待扭結的。

　　要形成一個扭結，首先取一段繩子，然後隨意纏繞，最後把繩子的兩端接在一起，那就是一個扭結。請看次頁有四種扭結的圖示。

　　最左邊的扭結，繩子並沒有任何纏繞，我們稱為未纏繞的扭結（unknot）。第二個不管怎麼移動繩索，都無法解開糾結，它和未纏繞的扭結大不相同。第三個扭結乍看之下是纏繞的，但稍微拉拉繩子，纏繞的情形就不見了，因此它是個偽裝的未纏繞扭結。第四個

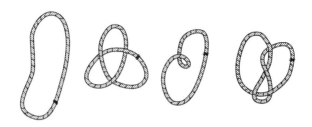

也是纏繞的扭結，但仔細比較一下，會發現它和第二個扭結並不相同。

　　被物理學家激發出靈感之後，數學家開始研究扭結。甚至在愛因斯坦證明並沒有以太存在之後，數學家仍然繼續做他們的研究。他們提出來的基本問題是：「若兩個扭結的圖示不同，我們如何知道它們是不是相同的扭結？」經過一百年的努力，雖然有一些很複雜的代數工具可以把扭結分成幾大類，但還是沒有一種可以自動決定的程序。

　　如果這些研究沒有出現任何特殊用途，它就純粹是一種扭結理論而已。但是到了1980年代，這個理論卻有助於解開DNA分子的化學特性。這些DNA分子，我們通常把它們看成是螺旋型的梯子，會捲起來成為一個纏繞的扭結。扭結理論有助於分析這種DNA形式的性質。近來，扭結理論又應用於物理學的一支，稱為「統計力學」（statistical mechanics）。

探針

　　1917年，有一位奧地利數學家拉登（Johann Radon, 1887-1956），提出一個似乎沒什麼用的問題。我姑且以水果蛋糕來形容這個問題。

水果蛋糕裡面常有草莓、罐頭鳳梨、堅果、葡萄乾和一瓣瓣的橘子，這些東西分散在整個蛋糕裡。其實像這樣把好吃的水果沙拉與可口的蛋糕混在一起的做法，並不太恰當。在製作過程中，蛋糕師傅甚至還混入一些白蘭地或蘭姆酒，以增加它的風味並利於保存。

水果蛋糕常在聖誕節的時候被當成高貴的禮物，但喜歡吃水果蛋糕的人不多，因此接到這種禮物的人常把它保存好，來年再藉機轉送出去。因此，有些水果蛋糕可能有幾十年之久，水果仍然完美地保存在酒精溶液裡，就像冰河時期的美國野牛埋藏在西伯利亞的苔原中一樣。

不管怎樣，假設你想知道水果蛋糕裡有些什麼成分，但不能切開它。你可以把很細的中空探針，像蜘蛛絲那麼細，插入蛋糕裡。接著你可以度量探針蒐集到的材料的重量。

假設在蛋糕的任何部分、任何方向，你都可以插入探針。拉登提出來的問題是：「如果我確知每次探針蒐集到的重量，我是否有足夠的資料，指出每種水果的位置和水果的種類？」

橘子瓣是很輕的東西，胡桃也輕，而鳳梨比較重，即使它和胡桃同樣大小，也重得多。拉登後來發表的論文題目是＜論沿特定曲線及曲面的積分函數之測定＞，除了能實際用來分析水果蛋糕之外，他從未想過別的用途。翻閱這篇數學論文，你只會看到很多的x與y，以及一大堆微積分所用的符號。不管怎樣，其實也沒辦法做出這樣的探針來分析蛋糕。他的發明只爲了滿足自己的好奇心。

探針（probe）在數學上的專有名詞是「試驗值」。數十年後拉登的發現應用於天文學、分子生物學、地球物理學、光學和醫學上。例如電腦斷層攝影，讓醫師不必開刀，就能看到病人體內的情形；X射束就像前面所說的那支探針。當射束穿過病人的身體時，

被身體吸收掉的量，就類似探針所蒐集到的物質的重量。把數千條這種射束蒐集到的數據，經電腦處理後，可重建出身體的剖面圖像。這個過程需要大量的計算工作，如果不靠電腦，速度就會慢到沒什麼用。只有在電腦的協助下才有眞正的用途。

在拉登發表論文的時候，電腦還沒問世，他當然不會想到這種拉登變換（Radon transformation）會有什麼實際用途。再一次的，好奇爲發明之母。

數碼

我的第三個例子來自數論（theory of numbers），傳統上，大家都認爲這是數學領域裡，最不可能有什麼實際用途的一支了。誠如數學家哈地在1940年所寫的，「還沒有人發現數論能有什麼挑戰性的用途……即使有人再努力個幾年，似乎也不太可能有什麼實用價值。」

我想哈地如果聽到下面這件事，一定很失望。1977年，三個數學家里弗斯特（R. Rivest）、沙米爾（A. Shamir）和阿德門（L. Adleman）利用數論，發明了一種新型的密碼。他們發表的論文題目是：<獲得數位簽名的方法與公用鑰匙保密系統>。所發表的數碼並非他們的首次嘗試，里弗斯特與沙米爾之前已提出過42組數碼，都被阿德門給破解了。但最後這第43組連阿德門也沒辦法破解。這組數碼讓銀行與商界人士，有一種既安全又祕密的方法，可以傳送資訊。

正因爲這種密碼技術實在太重要了，美國聯邦政府甚至曾經打算立法，限制數碼以及破解技術的發表，認爲這違反了1954年的軍需品管制法案。

簡介「數論」

以下我大略介紹一下數碼所依據的數論。

首先，我們回想一下算術所用的一些定義。正整數是 1, 2, 3, 4, ……這些用來數東西的數目。一個正整數 D，若拿來除另外一個正整數 N，而能得到正整數的 Q（稱為商），三者滿足了 D × Q ＝ N 的條件，我們便說，D 是 N 的除數。舉例來說，3 是 12 的除數，因為 3 × 4 ＝ 12。如果 D 是 N 的除數，我們也可以說，D 是 N 的因數（factor）。例如，12 的因數有 1, 2, 3, 4, 6 與 12。

D 若是 N 的因數，我們也可以說 N 是 D 的倍數（multiple）。例如，3 的倍數有 3, 6, 9, 12, 15,……繼續下去，可以寫成 3S。當 N 是 D 的倍數時，我們也可以說 D 可以把 N 除盡，也就是沒有餘數（remainder）。

如果一個正整數正好只有兩個因數，1 與自己，則這個正整數就是質數（prime），例如：2, 3, 5, 7, 11, 13, 17, 19 與 23。（1 不是質數，因為它只有一個因數，就是自己。）

我們需要的第二個觀念是冪（power），或稱乘方。如果 N 是正整數，我們可以用 N^2 代表 N × N，讀做「N 的二次方」或「N 的平方」。同樣的，N × N × N 可以寫成 N^3，讀成「N 的三次方」或「N 的立方」。一般來說，如果 e 是一個正整數，N 自乘 e 次就是「N 的 e 次方」，寫成 N^e。例如：$5^2 = 5 \times 5 = 25$；$5^3 = 5 \times 5 \times 5 = 125$；而 $5^4 = 5 \times 5 \times 5 \times 5 = 625$。

十八世紀，大數學家歐拉發現這些乘方有個值得注意的特質。下面是一個很特別的情形。選任何兩個不一樣的質數，p 與 q。對任何一個 1 以外的正整數 N 而言，可以得到一個數字 $N^{(p-1)(q-1)+1}$ － N。歐拉證明，這個數字永遠是這兩個質數乘積的倍數，也就是 p

× q的倍數。

　　現在我們來看看最簡單的例子。當p是2，q是3時，歐拉斷言對任何正整數N而言，$N^{(2-1)(3-1)+1} - N$是2×3的倍數。簡單地說，就是$N^3 - N$是6的倍數，不論N是哪個正整數。

　　讓我們來檢查一下，假設N是4。那麼$N^3 - N$就是$4^3 - 4$，也就是64 − 4 = 60。正如歐拉所預測的，60正是6的倍數。你也可以很簡單地檢查其他N值，例如1, 2, 3與5。你也可以算算另一組質數，例如3與5，看看歐拉的說法正不正確。如果你選了很大的一對質數，計算過程會變得非常繁重，就算有計算機幫忙也一樣。

　　歐拉如果知道他的主張，即某個數字是兩個質數積的倍數，在兩百年後會成為某種密碼的基礎，一定大為吃驚。

　　網路銀行若要利用這套編碼法，得先選擇兩個很大的質數p與q。我在這裡所謂的很大，是指有75位數的數字。接著計算它們的乘積，也就是p × q，這會是個約有150位數的數字，然後用這個乘積當做「鑰匙」，用來轉換顧客的資料。只要記得不說出這兩個質數就行了。〔赫爾曼（Martin Hellman）在1979年8月號的《科學美國人》（Scientific American）雜誌上曾說明，如何利用這種鑰匙來編碼。）

　　要想破解這套編碼，首先必須找出是哪兩個質數的乘積等於這個150位數的天文數字。也就是說，必須找出這個巨大數字的因數。我們要找12的因數很簡單，手算幾秒鐘就能解決。但要找出很大數目的因數，即使最快速的電腦，也要花很長的時間。為了體會這種困難，讀者可試試哪兩個質數的乘積是1739，這只是個很小的數目；然後想像一下，找出一個有150位數的數字的因數有多難。這絕不是好玩的事。

懸賞破解密碼

1977年時，大家認為這個150位數的數字已經夠大了，應該可以把它的兩個質因數保密百年之久。那一年，《科學美國人》刊出一個有129位數的數字，並且提供100美元獎金，給任何能破解它質因數的人。

很多年過去了，還是沒有人能破解。發明這套編碼法的三名數學家後來設立了一家公司，名為RSA數據保全公司，他們提出一些比較短的數碼供大家破解，最短的三個數字分別有100, 110與120位數。這些數碼先後被一些數學家解開，但是那個有129位數的數碼卻一直撐到1994年。最後，有24個國家的600位志願者，每人各利用一、兩台個人電腦，共同努力了八個月，才終於將它破解。

如果這600個人用手計算，每秒鐘完成一道運算過程，那得花五百萬年的時間才能破解這個數碼。現在，卻縮減成「只花費八個月」便破解了，但是破解的辛勞還是讓人震撼。這群人把獎金捐給「免費軟體基金會」，資助基金會提供免費的軟體程式給大家使用。

直到目前為止，這個150位數的密碼似乎還算安全。但是電腦的運算速度愈來愈快，而且一些快速求出因數的技術也不斷發明出來。恐怕，這種數碼還是不夠大，不足以令人高枕無憂。

「好奇」是「發明」的媽媽

這三個例子，扭結原理、拉登變換與歐拉的定理，指出那些能滿足好奇心的數學，後來也能有實際的用途。這種例子還有很多，但我簡單再提兩項：複數（complex number）在十九世紀初才成為數學的一部分，但在十九世紀末，卻成為分析交流電特性的完美工

具；在十九世紀才引進數學領域的某種幾何學，卻在二十世紀初期成爲愛因斯坦說明廣義相對論所需要的東西。

　　沒有必要再舉更多的例子了，本章的三個事例已經很清楚表達了我的觀點：「好奇爲發明之母。」數學家會去研究數學是因爲發現到有趣的問題，而結果往往是深奧、永恆、美麗而令人驚訝的。社會支持他們，是因爲他們的發現常會有很大的實用價值。而這種實用價值，沒有人能預知，連發現者也不例外。

第 9 章

職業究竟是什麼？

當你看到下面的標題，首先想到什麼問題？「陸軍基地關閉」、「禁止伐木」、「購併」、「賭場申請案」、「新監獄需求」、「提高菸草稅」，或「神職人員主張減少耶誕節採購」，答案是：這將會創造（或減少）多少就業機會？通常，在這類標題下的第一段或第二段正文，就會有數字。

關於這種不自覺的就業危機，有個很好的理由。因為那些還沒有工作的人急著想找工作，那些已經有工作的人卻擔心失去工作。如果你一直擔心三餐不繼，那就很難集中精神去觀照數學的美麗與真實。因此，我們在下一章會討論，數學在謀生問題上到底扮演（或不扮演）什麼角色。

但在這一章，先讓我簡略地分析一下職業的概念。

正如水無疑是由氫和氧兩元素組成的,一份職業也包含兩個獨立、不同的部分:即生產部分與收入部分。每個人都需要收入部分,使他能購買生活上所需要的必需品和奢侈品。對絕大多數人而言,這是職業裡最重要的部分。至於社會整體,則需要一定數目的生產部分,以供應物資與服務。

沒有什麼理由一定會使收入的需求恰好等於生產的需求。事實上,在經過兩世紀的工業革命和一世紀的電子革命後,已出現了無數可節省體力和腦力的發明,如果現在還需要那麼多的生產人力,那才奇怪呢。因此西歐的失業率一直維持在11%以上,而美國在6%以上,這可看出已開發國家中,收入與生產的不平衡。國際勞工組織估計,全世界「幾乎三分之一的工人,或三十億人當中的八億二千萬人,不是在失業中就是大才小用。」

工作價值如何衡量?

如果我們一直把職業當成一個不可分割的單元,那就像化學家不知道水是由兩種元素構成的一樣。其實,當我們關切職業的時候,我們真正關切的只是短缺的收入部分。

收入的多寡(所賺的錢),和生產的價值(創造出來的東西)之間可能沒什麼太大的關係。舉例來說,一個教小孩或照顧老人的人,他的收入可能很少,但生產價值可能十分關鍵。另一方面,一家菸草公司的高級主管可能擁有大筆的收入,但他的生產價值,若依照美國公共衛生局長的說法,卻是每天殺死一千名美國人。

某份收入有時也可能沒有相關的生產價值,例如社會福利的救助對象,或家族遺產的繼承人。同樣的,有些生產價值並沒有伴隨了相關的收入,例如醫院或博物館的志工。

《新聞週刊》和CBS瞭解,有很多社會上的生產價值,幾乎是

由一些名不見經傳的人在支持，他們只有很少的收入、或甚至沒有收入。譬如《新聞週刊》的主編所寫的：「為何只有明星或其他公眾人物值得大家矚目？有什麼東西可以獎勵一般的美國人，他們在自己的社區裡幫助別人，或做一些無名英雄的事？」這實在很有意義。

這些年來，由於每週工作時數一直減少，在職業的兩部分之間大致還維持某種平衡。但是如果有哪個國家不瞭解這兩部分基本上不太平衡，它可能不會想辦法去消除這種不平衡，反而會設法增加新發明、創造新的嗜好或娛樂，或更密集地廣告產品。這些動作會創造更多的生產來滿足需求，結果使經濟體系更加動盪不穩。這種偶然的措施，其實是市場機能這隻「看不見的手」運作的結果，而不是什麼技巧可以奏效的。難怪有這麼多人為職業的事操心。

下一章會以美國為例，仔細討論生產與各種人力需求。當我們思考「誰需要什麼數學？」這個問題時，這些資料會幫助我們立好墊腳石。

第 10 章

那裡面有哪些數學?

　　即使不會分數的加法，也不會解代數方程式，依然可能在家裡或職場上過著快樂而有意義的生活。我不是想聲明：每個人都要學微積分才能找到好工作。我也不想說服誰去做個數學家。我只想叙述一下，在每一種職業裡需要哪一等級的數學程度。我不打算預測哪些行業會擴張，哪些會萎縮，也不去評論它們要的數學是否過少或過多。未來是很難預測的，我把這件事留給《職業展望季報》。

　　現在暫且把職業的事擱在一邊，考慮一下這個問題：「應付日常生活時，你需要什麼數學技巧？」如果你有朋友、配偶或會計師能爲你處理所有的數學工作，你當然可以完全不碰數學。但如果你不想在每次看到帳單時，或者想知道信用卡的 18% 循環利率是什麼意思時，都要找人幫忙；或是當你的計算機出現很荒謬的答案，

你想立刻察覺時，那就一定要會處理分數與百分率的計算。我在後面將會談到，這個數學程度幾乎是所有職業都需要的。

到處都需要數學！

不過，當我們環顧電腦滲入生活中的情形，不禁懷疑是否還要有算術能力。雷射光束掃描過條碼之後，電腦不但把顧客該付的錢算出來，連其他的細節都一併處理掉，像是附加的營業稅與該找回的零錢等等。有些販賣機還自動找零呢。

但是如果碰上電腦當機該怎麼辦？還有，假如電腦的程式設計師弄錯程式，算錯錢，怎麼辦？我就看過這種意外，收費員呆在一旁，手足無措。

雖然大部分工作都只用到算術技巧而已，我們並不認為大家在六年級以後就不必再學數學。我主張每個人都要為自己開啟所有的就業機會，並且使這種機會保持得愈久愈好，而不是關閉它們。許多收入較高、而重複性較低的職業，都需要算術以上的數學能力。

有時候，教育體系對數學的要求是蠻婉轉的，例如：薩克拉門多（Sacramento）市立學院提供很多兩年期的職業訓練課程，要求畢業生必須通過代數測驗。加州大學的入學申請中有一項條件，要求申請人必須修過高中數學課，而且高中三年之內「最好每年都修些與大學課程有關的基礎數學課」。有個法學院要求申請的學生除了科學和人文領域的學科成績之外，「最好修過數學和邏輯。」

有時候，學校對數學的要求好像已經說得很明白了，仍然出其不意又跑些新規定出來。在薩克拉門多市立學院，學電子的學生必須修第二年的代數與三角學，護理學生則要修一年代數學。加州大學主修心理學的學生必須念一年微積分。

哈里斯公司的民意調查顯示：「很多美國高中生在決定要不要

繼續修習數學課程時，不太會去請教家長、老師。在決定儘早不念數學的學生中，三分之一以上卻希望在大學時修讀理工方面的課程。這種矛盾現象在少數民族的學生族群中特別明顯。」

而且只學一門課，通常不太能融會貫通。要充分掌握一門課，有兩個相輔相成的做法。第一是教這門課，比方說當家教。第二是學習這門功課的進階課程，將早先學到的東西拿來應用。代數有助於瞭解算術，而三角學可以說明幾何學的道理。解析幾何對代數與三角都有幫助。至於微積分，不但可以把上面這幾門學科做一次整理，把它們整合起來，還提供各種不同的應用練習。

我認識的一位工程師在徵求助理時，讓我特別想起這種進階課程的價值。他要找人幫忙做些計算工作，在求才啟事裡，列出「念過兩年的大學課程，包括一年的微積分。」

我問他：「真的會用到微積分嗎？」

「不會，但這樣的條件保證他曾經學過三角學，而我有很多關於三角的工作要計算。」

他指出，絕大部分的工程師在工作中都不必用到微積分。學微積分的目的是使他們能瞭解大學物理和化學課程，而那些課程又是他們工程知識的基礎。

《紐約時報》曾經登過一篇文章＜跟隨自己職業婦女母親的腳步＞，談到有一位 13 歲的小女孩與她母親辯論代數的重要性。她母親是某企業集團的執行長。母親誇張地做出 V 字的勝利手勢，說道：「在我職業生涯裡，從來沒有用過代數。」而且很高興地說，女兒對她的職業和地位完全接受。我希望這個勝利的手勢不是在強調代數不重要。如果這女孩想追隨母親的腳步，她在大學可能得選擇主修企業管理或經濟學。果真如此，她一定會感到震驚：這兩科都要求修習一年微積分，而想要把微積分念好，迅速而正確地解代

數問題的技巧是不可或缺的。如果她決定改當醫師呢？還是一樣，要念一年微積分。

我並非意謂每個人都要學微積分。在美國一億二千萬的工人當中，只有四百萬人在職業生涯的某個時期需要微積分。

數學能力分成六級

我寫這章的時候，面臨的問題是：有什麼好方法，可以發現哪個職業需要什麼程度的數學？我當然不想漫無目的，寄出數千份的問卷。很幸運的，我並不是第一個關心這問題的人。

桑德斯（Hal Saunders）在1988年出版了一本書：《我們在什麼時候用到這些？》書中列出100種行業需要用到的數學。他把數學大概分成60項，問大家用到哪幾項？在什麼時候用到？舉例來說，他發現有32種行業用到直角三角形的畢氏定理。桑德斯蒐集到的資料應該用一張海報列出來，張貼在每一間數學教室裡。那樣最能迅速說服大家數學的重要。

但這還不夠，我要做的是涵蓋所有職業的完整面貌。因此我參考了《職業調查完全手冊》，它列出12,000種職業的要求事項。我還參考了另一份資料《美國勞動人力，1992-2005》，它把人力大約分成500類。因為這兩份資料來源不同，對職業的分類和名稱都不太一樣，我還必須做一些整合工作，使數據一致化。

在我整合這兩份資料時，另外有一本書對我的幫助也很大，那就是《職業名稱辭典》。我瀏覽這本辭典的時候，才發現要維持現在這個經濟體系有多麼複雜，需要那麼多奇怪的職業。當你一面查閱職業類別的項目，一面猜猜那是什麼工作，一定很有趣。例如：捻紗機滾筒員、牛群管理員、碼頭工人、長鏈秤桿員、花邊平車員、芽菜乾燥員、製丸員和瓶室泵員等。

　　《職業調查完全手冊》有12項主要領域，如藝術和科學等。接著將12個領域分成66個職業群，再細分成348個小群，最後列出超過12,000種的職業。對於每一項職業，它都列出需要的閱讀程度、語言能力及數學能力。我只查閱每種職業需要的數學能力，它分成六級，從1到6，最高級是第6級。各級標準如下：

　　● 第1級：兩位數的加減，用10或100乘以或除以2, 3, 4與5，在元、角、分的範圍內做算術的四則運算。運算生活上需要的度量單位，如杯、品脫、加侖、英寸、英尺、碼、盎司和磅等。

　　● 第2級：含有分數與小數的運算，計算比率與百分率，製作與解釋長條圖。

　　● 第3級：計算利率、折扣、收益、損失、佣金、漲價、比率、比例、百分率等，求面積與體積。代數：能處理變數與公式、多項式、平方根以及求其他根。在幾何上：能處理平面與立體圖形，求角的特性。

　　● 第4級：代數方面：處理基本函數（線性、二次），解方程式及不等式，處理對數、三角與反函數，極限與連續，機率與統計推論。幾何方面：推求公理，平面與立體以及座標。在商用數學方面：熟練運用分數、百分率、比率以及各種比例及度量，熟悉代數、幾何以及三角學。

　　● 第5級：代數方面：處理指數與對數、數學歸納法，二項式定理、排列等。微積分方面：代數函數的微分與積分。在統計方面：求機率分布、常態曲線、變異數分析、相關分析、卡方檢定、取樣理論、因數分析等。

　　● 第6級：在高等微積分方面：極限、連續性、隱函數定理、微分方程、無窮級數、複變數。在近代代數方面：群、環、場、線性代數。統計方面：實驗設計、統計推論、計量經濟學等。

　　為方便起見，我把這些數學標準轉換成大約哪一年級或哪一門數學課，給大家做個比較：

- 第1級；基本算術（小學四年級）
- 第2級：分數與小數（小學六年級）
- 第3級：商用數學，部分代數（第一年代數）
- 第4級：代數、三角與幾何（第二年代數，一學期三角學，一年幾何學）
- 第5級：部分解析幾何、微積分與統計（一年微積分，一學期統計學）
- 第6級：大學程度的數學課程（三年的微積分，一學期的抽象代數，一學期的統計學）

　　正如我早先提過的，第2級代表日常使用的數學，第3級才開始有代數。對那些需要解簡單方程式的職業，第3級非常重要。第4級是加州大學申請入學必需的數學資格。高中數學課程大概可以達到第4級或第5級。第5級大約等於主修生物、醫科或經濟的大學生的數學程度，而第6級則相當於物理、工程或數學系學生的程度。

微積分不過是算算「小鵝卵石」

　　三角學出現於第4級，微積分是第5級。這裡我要為三角學與微積分說幾句話。這兩個名詞一看就使人害怕，甚至對那些很想學數學的人也一樣。

　　三角學（trigonometry）是希臘文，意思只是「三個角的度量」，而微積分（calculus）則是拉丁字，意思更好玩，居然是「小鵝卵石」，以前是用來計算的工具。也許仍舊把這兩個學科稱作「三個角的度量」或「小鵝卵石」，可使它們的神祕性降低。任何一

位已有良好代數技巧的學生，在學習這兩科數學時，一定能充分瞭解而得心應手。畢竟這兩個學科都是代數很自然的後續學科。美國每年大約有10萬名高中生參加微積分會試，而有75萬名大學生修習微積分課。這門「小鵝卵石」不那麼神祕。

讀遍整本《職業調查完全手冊》，我注意到數學的要求幾乎貫穿所有的職業，在348個分類小群中，甚至在66個職業群裡全都出現。我把這些摘錄成70類的職業，條列如下，提供給大家看看各職場中需要什麼等級的數學。

● 決策、經營、管理類
　　　　經理、決策者、高階管理人員：第4級
　　　　會計師、稽核員、成本分析師、銀行放款主任：第4級
● 專業類
　　　　工程師：第6級
　　　　建築師、測量員、生命科學家：第5級
　　　　精算師、系統分析師、統計師：第6級
　　　　自然科學家（化學、物理、氣象學、地質學）：第6級
　　　　社會科學家（經濟學、心理學、都市規劃等）：第5級
　　　　牧師、心理輔導人員：第4級
　　　　律師與法官、檢察官：第4級
　　　　幼稚園教師、小學教師：第2至4級
　　　　特殊教育：第2至4級
　　　　國高中教師（不含數學與科學）：第4級
　　　　其他教師（成人、職業教育等）：第3級
　　　　圖書館人員：第3級
　　　　健康診斷人員（醫師、牙醫學）：第5級

　　　　醫學助理（護士、物理治療師、藥師）：第3至4級
　　　　作家、運動家、演藝人員：第1至2級
　　　　飛機駕駛員：第3至4級
● 行銷業務人員
　　　　收銀員：第2至3級
　　　　售貨員：第2至3級
　　　　市場及行銷中層主管：第3級
　　　　其他銷售人員（保險、房地產等）：第3級
● 行政支援人員
　　　　詢問台（接待員、售票員等）：第2級
　　　　股票交易員：第2級
　　　　交通、運輸辦事員：第2級
　　　　簿記、會計、查帳員：第2級
　　　　祕書、速記、打字員：第2級
　　　　一般文書人員：第2級
　　　　銀行櫃台人員：第3級
　　　　一般神職人員：第2級
　　　　其他行政助理：第2級
● 勞力服務業
　　　　門房、清潔人員：第1至2級
　　　　女侍、僕人：第1至2級
　　　　食品業、冷飲業櫃檯人員：第1級
　　　　保母、美容師、居家護理人員：第2級
　　　　消防員：第2級
　　　　法警：第2至3級
　　　　警衛：第1至2級

　　　　保全人員：第2級
● 農林漁牧業
　　　　園藝家和地主：第2級
　　　　農場管理人員：第2級
　　　　農場工人：第1至2級
● 機械、生產與維修人員
　　　　數值機具操作、工作母機、金屬製程、模具：第4級
　　　　電機、電子設備維修人員：第3至4級
　　　　機工與維修領班：第3至4級
　　　　汽車維修人員：第3至4級
　　　　其他機械設備組裝、維修人員：第3級
　　　　木匠、電匠、鉛管匠：第3級
　　　　印刷、紡織工人、木工：第2級
　　　　金工、裝配工：第2級
　　　　手工（電子裝配、銲接、裝罐等）：第1級
　　　　卡車司機：第1至2級
　　　　公車司機：第2級
　　　　其他交通工具與運輸業：第2級
　　　　助手、搬運工：第1級

　　美國全部12,000萬工人中，大約有400萬人的職業要求第5級或第6級的數學程度，也就是包含微積分，這只占全部勞動人口的3％。另一方面，約有8,000萬人只需要第1級或第2級的數學程度就可以謀生，那只是算術的程度而已。這部分約占全部就業人口的67％。

　　當經濟體系愈來愈複雜，電腦和機器人似乎能承擔更多的責任

時，工人需要更多的數學呢？還是更少？兩種意見都有人支持。不管如何，美國學生接受的數學教育是愈來愈多了。根據美國教育統計中心1994年出版的《教育現況》以及美國教育部的數據，1992年有56%的高中生選讀了兩年的代數學，而十年前，只有37%。1992年，70%的學生選讀幾何學，十年前僅有48%。也就是說在1992年，一半以上美國高中生的數學能力大約可達第4級。

數學能力 ＝ 謀職機會

依照一般的經驗法則，職業的收入與受教育的程度成正比，而教育程度通常又和數學能力有關。但收入只是生涯規劃的一項因素而已。有人喜歡在戶外工作，也有人喜歡朝九晚五固定上下班的工作，可以把「工作留在公司」，以便節省精力和時間做自己喜歡的事。不管怎樣，一個人懂的數學愈多，他選擇的機會也愈大。

常有學生問我：「我很喜歡數學，但數學系畢業後能做什麼事？教書嗎？」根據我在學校的觀察，大約有一半的數學系畢業生選擇教書。但是另外一半人，有第6級的數學能力，還是有很多的選擇機會。他們有人做保險精算師、系統分析師、行銷專家、網路管理師、或財務分析師等等。有位學生成為好萊塢幽默劇的作家。

很多人認為他們在大學的數學訓練是很好的職業跳板，甚至可幫助進入醫學或法律領域。例如，施塔頓（A. Staddon）是數學系畢業的，他曾寫道：「數學打開進入醫學領域的大門。數學的分析性思考過程讓我在醫學院受益良多。在醫學領域裡，當我們碰到任何問題時，都必須經過徹底的分析才能找到答案。這種過程和做數學非常類似。」（注：美國的醫學系都是學士後醫學系。）

另外一個數學系的學生，布拉特馬克（J. Blattmachr）後來決定當律師，也持類似的看法。他說：「我雖然沒學過法律的基礎課

程，連一門政治學的課程都沒有，但我在最好的法學院裡依然讀得很好。我認為大部分要歸功於我學過數學，特別是在定理方面，怎樣去分析很複雜的原理。學過數學的律師，能以特殊的方法掌握到法律原理，這是其他律師辦不到的。」

布拉特馬克還不是第一位觀察到這種現象的人。美國第三任總統傑弗遜大約在 1765 年寫信給他的學生時就提到：「數學非常有用，在一生中經常會碰到。它既可愛又很有魅力，每個人都渴望能具備數學知識。除此之外，我們的心智也與身體的其他部分一樣，只要不斷地練習就能使它增強。數學過程的推理和演繹，是學法律最佳的預備訓練。」

美國每年約有 120 萬大學畢業生，其中念數學的約有 12,000 人，占 1% 左右。顯然這些學生對未來能有許多選擇，就算他們不再繼續念研究所。能欣賞數學的美麗與精確的學生，在學期間會把它學好，畢業之後也能進一步運用，以獲取較好的職位。簡單地說，他們具備了兩個領域的最好能力，美學的與實用的。藉由學習數學，他們展現出推理能力；把這項能力結合了其他技能，如電腦科學、統計學、物理或生物，在找職業的時候他們會更有彈性。

這一章的總結最好是引用《職業展望季報》的話：

如果生涯規劃的目標很明確，要決定高中時期修多少數學課就很容易。但是數學念太多總比念太少好得多。生涯規劃的目標會變，但如果念的數學不夠，在接受新的教育或職業訓練時，就構成很大的障礙。而且，數學能力愈強的人，不但可以選擇的就業機會愈多，也愈能把工作做好。

第 11 章

行動症候群

　　在下一章（第 12 章），我們將快速瀏覽最近百年來美國數學教育改革企圖的歷史。但要瞭解這些改革，或者任何形式的改革，我先要停下來，爲「行動症候群」下個定義：

　　● 行動症候群類似自我催眠，在需要完成持續的行動時非常重要。它讓你從半決定狀態進入決定狀態，從猶豫不決「我想我應該去做」，到很堅定的「我要去做」。爲目標獻身與行動症候群是不可分的。

　　● 行動症候群可以協助你應付行動帶來的壓力，它把幾種選擇減低到剩下的最後那個。它使行動者專注於這個選擇，不再懷疑而持續奉獻自己。不管行動本身聰明或愚蠢，行動症候群使行動者專心致力於目標的實現。

● 行動症候群可使我們的心智「極化」，就像磁場使鐵粉排列整齊那樣。這種心智的極化有很多形容詞，像固執、死腦筋、狂熱或不屈不撓，用哪個形容詞完全看你贊成或反對這項行動。在為目標獻身的同時，你不會考慮危險和收穫，不會去想像所有的陷阱，或考慮替代方案。

義無反顧，勇往直前

人的意識可以分成兩部分，意識與潛意識。一個人由三心兩意轉變到下定決心，是很重大的改變，但很少人瞭解這個過程。當佛洛伊德寫出下面這段話時，其實已碰觸到這個問題的核心。他說：「在比較不重要的問題上作決定時，我常會考慮所有贊成和反對的意見，我發現這樣做好處很多。但對於非常重要的事，則應該由潛意識作決定，這是來自身體內部某處的意見。對這種與我們一生有關的重要決定，應該由我們自己內心的深層需求來控制。」

一旦開始行動，行動者就會受到行動症候群的支持。每個新障礙不但不會降低行動的決心，反而會增強它。此時行動者，不論是探險家、發明家或數學教育的改革者，都會被任務的崇高意義深深感動而堅持下去。美國大陸航空公司的總裁曾解釋這種現象：「本來在事情展開之前應該要先求證的，但它就這樣蹦了出來。不過事情一旦開始滾動，就很難使它轉向了。」

不能說服自己的人，也不可能說服別人。因而行動症候群使行動者有感染力，能把別人一起扯進來。在我們回憶數學教育的改革歷史時，要常常想起行動症候群。它使我們瞭解那些過去發生的事情，在未來也可能引導我們。

第 12 章

所有改革都到哪裡去了？

　　如何教數學？百年來一直有兩派意見吵吵嚷嚷、爭論不休。一派認為應該強調計算技巧，另一派認為應以瞭解本質為主。數學教育就在兩邊擺來擺去，一下子「回歸基礎」，一下子又變成「新數學」或「解決問題」，從來沒出現一種平和的折衷方案。通常學校當局決定選擇某種新的數學教材時，報紙的「讀者投書」欄馬上出現一場大混戰，就像學校的圖書館決定禁逐哪本書，或學校想解散足球隊時，引起的熱烈討論一般。

　　也許教數學最理想的方法是一對一的教學，這種衝突就不會發生。當我學畫畫的時候，就充分體會這種一對一教學的好處。我請美術系的一位女同學凱蒂教我，她直截了當地要我張開畫布，把顏料擠在調色盤上，拿起畫筆。接著她問我：「現在你想畫什麼？」

我正好帶著一張風景照片，有條小徑穿過樹林直達湖邊。「好，開始吧。」事情就這麼簡單。當我試著把顏料塗上畫布時，我們討論該選什麼顏色以及效果如何。我就學會畫畫了。

當學生每年都碰上數學

教數學應該也採一對一方式，就像師徒制，針對每個學生做特殊剪裁。老師可以瞭解學生的程度、學生的興趣而做適當的鼓勵。但經濟條件不允許我們這麼做。在美國，一位國中數學老師通常要教150名學生，每週平均分給一個學生的時間還不到15分鐘，時間短到連寒暄都不夠。至於小學老師，每班大約是30人，還可以勉強分成幾個小組，讓小組裡的學生互相討論，維持了最起碼的人道規模。

老師如何處理小組教學或個人教學，實際上會影響整個課程的設計，而不只是影響到數學教育。但以學生的觀點，數學和學校幾乎是同義字。我猜想如果要求任何人以學校為主題作自由聯想，大部分的人都會想到數學。數學畢竟是最顯著的目標，從幼稚園到高中年年都有。而且它是一種累積性的知識結構，例如，百分率是從分數而來的，而分數又來自整數的算術。這意思是說，如果學生有某項重要觀念沒搞清楚，在後來的幾年都會受影響。這種情形可能會導致惡性循環，造成學習效果更加低落。

難怪在憲法修正案裡討論到，學校要不要受到「默禱一分鐘」這類事件的打擾時，有份報紙的時事漫畫出現了這麼一幕：教堂裡一位牧師說：「政府要求我們，學校裡若要學生作禱告，教堂裡也應該勻出時間來學數學。」漫畫裡不提拼字、不提文法、也不提歷史，單提數學。

我想起有一位教「教育學」的教授有種古怪的嗜好，專喜歡從

數學教學裡舉例，評論失敗的教法。有一天，她的課堂裡正好有個學生是學數學的，學生問道：「難道其他科目裡完全沒有失敗的例子嗎？」她的壞習慣才中止。

數學教師煩惱不少

也許失敗的例子在數學科比其他科目更顯而易見。數學的答案對錯分明，沒有模稜兩可的地方，因此學習過程中任何的混亂，很容易暴露出來。有一份歷史悠久的刊物《數學教師》（*The Mathematics Teacher*），是專門談數學教育的。瀏覽這份刊物你會發現滿紙辛酸。從1908年出版的第一期中，就有人寫：「在我們學校裡，對數學教育最明顯的現象就是普遍的不滿。」在1911年出現的語調也好不到哪裡：「我們學校的數學教師會議氣氛很沮喪。我常有機會參加喪禮，喪禮上的氣氛也不比我們的會議氣氛差多少。我們的教學很失敗，學生得不到任何有價值的東西。」

年復一年，《數學教師》裡的抱怨持續不斷。我們直接跳到1958年，有篇文章寫著：「傳統教材根本沒有意義。而那些持現代見解的人所提出的抽象數學，又距現實過分遙遠。」這是對所謂「新數學」的預警，這項新數學改革運動後面會詳細介紹。到了1994年，情況還是一樣，芝加哥大學的「學校數學計畫」抱怨：「今天學生面對的教材，還是一百年前為當時的學生設計的內容，只是改頭換面而已。」

在《數學教師》裡，對這些抱怨有許多互相矛盾的理由：例行性計算太多、原理太多、應用部分不夠、應用部分太多了、計算機與電腦的使用太少、使用太多……等等。其他還有，對數學科不夠在意，不如藝術課程，也不如其他的文化課程；也常有人埋怨數學老師的準備不足。1910年就有一段文章是這類的抱怨：「所有近

代物理的第一流設備也不能取代一位好老師，最好的教科書也不能代替生動的語言。」

這樣怨東怨西的，最後一定會埋怨學生的家長或整個社會。我試著引述一段1911年的文章：「主要歸咎於現代社會的精神錯亂。這種精神錯亂的原因之一是太多美國家長的數學不好，又沒有充分與學校合作。」至1992年，情況依然不變，「在美國能進行有意義的教育改革之前，我們美國人必須決定自己對孩子的期望是什麼。我們對學業成就是否很重視？或者我們重視其他的目標，比如待人和善或身體健康？」

數學教育改革名目多

針對這些批判，美國在二十世紀做過無數次的教育改革。有些規模很小，只在一、兩個實驗班進行；有些則涉及整個學校或行政區；更有些廣及整座城市、全州或全國。這些改革計畫大都是突然提出來的，甚至大家對造成問題的原因都還沒有一致的看法。就像醫生還沒有找出病人的病因，就要病人試吃各種不同的藥丸一樣。

當政策由一個神奇解答擺到另一個時，每一階段都有個響亮的名號。1950年代「回歸基礎」，1960年代「新數學」，1970年代又「回歸基礎」，1980年代「解決問題」以及1990年代「團體學習」。而改革運動會引起多大的回響，則看倡議者有多大的熱忱，在宣導會上能否把改革的理念說得很清楚，使觀念散布開來；或有沒有本事從各種基金會或政府手中，拿到大筆的補助款。總有人被說服，認為倡議者握有能使數學教育成功之鑰。接著行動症候群就登場了：沒有什麼東西比一位堅持理念的改革者更具說服力。

回顧以前那些改革行動，我對那些改革者能前仆後繼，不斷推動這個改革的破輪胎前進，實在印象深刻。

　　1909 年，有人寫過一段針對數學教育改革的告誡，至今仍然適用。「進行一項改革需要很大的能量來克服習慣的惰性。從數學教育的歷史可以看出，教學重點有過一連串的變動，從強調這個到強調那個。而所有的改革就當時看來都很不錯，但時間一久，終被棄置一旁，形同廢物。有些改革者把現行體制的成就視若無物，只想全盤推翻，以便在全新的基礎上建立全新的架構。真正的改革很少是這樣做的。」

　　記住這些話，接著我要介紹四次數學教育改革，一個小型的、一個中型的，一個是大型的；大型的那個改革產生了「新數學」。最後是近日這個超大型的，支持者稱之為「新教學標準」，而反對者說它是「新的新數學」。

貝尼澤特的小實驗

　　1929 年，在紐約的綺色佳（Ithaca）舉行了一場校長會議，會中要求與會的校長設法減少課程，以騰出空間給一些新增的課目，「如安全、健康以及五花八門的指示事項。」針對這項要求，新罕布夏州曼徹斯特的校長貝尼澤特（L. Benezet）寫信回應：「讓孩子花八年的時間才學會一般數學，是沒有意義的。數學課程可以延遲到國中才教，正常學生只要花兩年功夫就能學會。」

　　在此之前，貝尼澤特因為取消小學一、二年級的數學課，已飽受批評。他覺得自己的信「代表了自己真正的想法，因此若不能把它付諸實行，一定會影響自己的前程。」接著在幾年之內，他真的進行一連串的實驗，還寫了很多篇報告公布實驗結果，刊登在 1935 和 1936 年的《國家教育學會期刊》。

　　貝尼澤特知道自己能得到教師和學生的合作。但學生家長會怎麼想？多少家長願意讓他們的孩子像天竺鼠一樣，參加這種危險的

實驗？貝尼澤特把自己的計畫寫信通知家長，卻沒有什麼人反對。貝尼澤特承認自己很幸運：「我的學區中，只有十分之一的家長是以英語為母語的。若學生的家長大部分有高中或大學學歷，我一定會接到暴風雨般的抗議，實驗就做不成了。」

依照貝尼澤特自己的說法，事情是這樣的：「我們把第六屆學生分成兩組。實驗組一直到六年級才開始教數學，而傳統組在三年級就開始教數學。剛開始，傳統組領先。到了四月，兩組的數學成績已不相上下。在一年之內，實驗組學生的數學能力就完全追上傳統組的學生，而後者已經學了三年半的數學。」此外，學生對求證的推理過程也能充分瞭解，例如：「為什麼除數是分數的時候，把除數的分子、分母顛倒相乘，可以得到正確的答案。」

學生多出來的時間做什麼呢？貝尼澤特用來上「閱讀、推理和背誦」。實驗組的學生對閱讀更有興趣，字彙能力較佳，語言的表達能力也比較流暢，甚至好過那些說英語的家庭。

當我閱讀貝尼澤特的文章時，我非常贊成他的想法，覺得自己彷彿也參與了整個實驗。雖然體會到一種行動症候群的衝動，我卻知道不可能把他的想法傳播出去，因為現在說英語的家長太多了。因此貝尼澤特的改革完全從舞台上消失得無影無蹤。在一些私塾式學校或小型的私立學校裡，學生是依照自己的進度來學習的，此時我們可以看到貝尼澤特的理論付諸實現，但並不能強迫所有的人都照樣做。

中型實驗「共同學習」

我要說的第二次改革，對數學教育留下的影響很多。由於我自己是兩個始作俑者之一，我對這次改革知道得很清楚。

1968年，當我兒子約書亞進高中時，我開始有機會接觸到高

中數學課本。書裡的說明和練習都非常可怕，不但賣弄文詞，而且過分抽象、沈悶。我決定去拜訪他的老師。

克雷比爾是一位令人尊敬又有經驗的老師，我們商量之後，決定移動課桌椅，讓學生四個人一組坐在一起。他們彼此可以互相幫忙，練習以數學的語彙交談，而且能立刻得到回饋。老師仍然是關鍵性的角色，但不像以前那樣只管講課，他可以在教室裡走來走去，檢查各組的學習進度，如果發現全班學生普遍有同樣的困難，他就走上講台講解。另外，在各組都討論完畢之後，他上台介紹討論的主題並作結論。簡單地說，學生從小組討論學到一些東西，也從老師的講解學到一些東西。

學生的熱烈反應鼓舞了我們，因此決定把實驗範圍擴大到整個代數、幾何與三角的學習過程。就像貝尼澤特校長一樣，我們也被行動症候群感染，開始在數學老師的集會中，推廣我們的理念。

我們把教科書放在一旁，油印了一些適當的教材，並且邀請別人參加實驗與練習。這些講義最後還編成三本課本，幾何課本是幾何學家查克林（Donb Chakerian）與我們共同合作的。這是第一套由「小組學習」方式發展出來的數學教科書。

現在，過了二十年以後，「共同學習」已經變成1990年代的流行方式。但是當我到學校參觀時，我發現這種技巧常遭誤用：老師或者覺得應該把所有的事情都留給學生，讓他們自己去發現，而一言不發；或者反過來，太快回答問題，使得學生沒有機會好好思考。這並不是我和克雷比爾的本意。我們的教科書現在還在發行，沒什麼廣告，淹沒在一大堆印刷精美、色彩豐富的新書之中。不論如何，我們的改革成果是維持下來了，雖然已經不是原來的形式。這讓我瞭解並沒有所謂「不需要老師」的教科書。在教學活動中，老師永遠是最重要的，遠比任何教科書或電腦計畫重要。

冷戰產物「新數學」

我要討論的第三次數學教育改革是來自「學校數學研究群」（School Mathematics Study Group），簡稱SMSG，大家稱這次改革的內容為「新數學」，它是冷戰期間的產物。

1957年10月4日，蘇聯發射了第一枚人造衛星「同路一號」（Sputnik 1）。當它飛過美國領空，有上百萬美國人凝視著它。我也是其中之一，看著這個高空中的小光點，移動得比飛機還快些。一股民意聲浪立刻湧現：「蘇聯的火箭比我們好，我們遠遠落後，情況危急。我們的教育系統一定有問題，我們必須改革所有各級學校的數學與科學教育。」

為了回應這股呼聲，國家科學基金會撒出了好幾百萬美元，接連數年支持SMSG，發展標準數學課本。

其實有件事知道的人不太多，就是：美國本來可以在同路一號之前就發射人造衛星的。但是艾森豪總統不願意把軍事火箭用在和平用途上，他認為這樣會引起不當的聯想。後來他寫道：「把和平用途的地球衛星計畫與軍事飛彈計畫分開是不對的，最主要的問題在於，若不利用軍事飛彈，衛星計畫無法儘早實施。如果不分家，陸軍在1956年底就應該能成功地把人造衛星送入地球軌道，會比蘇聯早得多。」美國在1958年1月1日成功發射自己的衛星「探險家一號」（Explorer 1），只比蘇聯晚三個月，可見艾森豪說得不錯。如果不是他太有良心，可能就不會有SMSG了。

要瞭解SMSG的重要性，我們必須回過頭去看看它對數學教育做了些什麼，以及它有些什麼貢獻。

1958年當計畫開始時，計畫領導人貝格爾（Ed Begle）提出五項原則，似乎很有道理：

1.沒有人能正確預測哪一種數學技巧在將來會有用。

2.沒有人能正確預測學生將來會選擇什麼職業。

3.強調瞭解但又不忽略基本技巧的教學法，對學生最有益，也最能使學生為將來必須應用到數學的才能做好準備。

4.瞭解數學所扮演的角色，在我們的社會裡，是知識份子的重要特質。

5.任何正常人都能欣賞數學的美麗與力量，而這種欣賞能力是文明人文化背景的重要部分。

貝格爾也描述了一種很合理的進行方法：SMSG 將結合數學家、中學數學老師、師範院校的數學教師共同努力，提供出來的教材將可融合正確的數學內容與完善的教法。

從 1958 到 1961 四年之間，SMSG 的大部分工作都已完成。每件事都已經好好想了出來：大學教授與中學數學老師合作，共同寫出教科書，而這些教科書又在數百間學校試用。然後依據試用的老師與學生的反應，再改寫課本裡的說明。這些課本的作者可以說是腳踏實地完成這份教材的。

沒有人能質疑中學數學老師在作者群裡的代表性不夠。1958年夏天撰寫第一部分教材時，參加的 47 人中有 16 位中學數學老師。在 1959 年，106 位作者中有 41 位中學數學老師，1960 年是101 人中有 49 位；最後到 1961 年，中學數學老師更超過半數，在71 人中占了 40 位。

從一開始，SMSG 就得到很有力的支持。在 1959 年的《數學教師》期刊中就提到：「課程內容的改革以前也有人提倡過。但這次的改革運動不太一樣。數學教授與中學數學老師一起坐下來，寫

出課本。」另外，在1961年也提到：「對於我們這些熟悉過去五十年來各種改革運動的人來說，改革的成果似乎總是低於預期目標。但這次的改革有這麼多地方級的老師密切參與，結果可能會不同。這個SMSG計畫應當會成功。」

除了稱許改革計畫的目標明確以及許多人投入的熱情之外，初期也還是有不安的聲音冒出來。1960年，《數學教師》期刊裡，有一位老師很嚴肅地提出他的疑慮：

我的教師同事們，你們覺得自己被逼得團團轉嗎？你們覺得自己的學生有一位像你這樣保守的老師，是被欺騙了嗎？他們學的數學不是已有六百年之久了嗎？

「現代數學」到處風行。教現代數學成了最新的萬靈丹，用來解決數學教育的弊病。但這次的運動不像以往，因為它有各界的普遍支持，也花了巨額經費。

現在大家都期望，高中數學的教材將和二十年來的內容完全不同，我們這些數學老師應該有權反對這種想法。我認為這些提倡新想法試驗的人，可能反而使得數學教育倒退。

這種反對的疑雲也吹進大學。1962年的期刊裡，出現一份有65位數學家簽名的備忘錄，提到：

如果教材改革的方向錯誤，不但使我們錯失掉最好機會，也將是一場大悲劇。很不幸的，現在有很多力量可能帶領我們走錯路。

過去，數學教育是由中學數學老師執牛耳的，他們重視教法更甚於重視教材內容。現在，數學家插一腳進來主導整個局面，強調教學內容，卻犧牲了教法。這可能同樣沒有效益。在潛意識裡，數

學家很可能不自覺地假設，所有年輕人都會喜歡現在數學家喜歡的東西。

儘管如此，SMSG 並沒有受到這些異議的妨礙，繼續往改革之道邁進。1963 年，它發行一份「給父母的非常簡短的數學課程」文告，文中提到：「父母將會發現，自己孩子所學的數學課程已有變化。學校指定的家庭作業裡，有些新的詞彙與想法。父母親可能發現自己不再能協助孩子，解答算術問題。」

這些新觀念之中，最令父母親大惑不解的，就是「非十進制」的數字系統。因為它在新數學裡有象徵性的重要意義，以下我會稍微介紹一下。這種概念至少已經有三百年以上的歷史，和我們現在以 0, 1, 2, 3, 4, 5, 6, 7, 8, 9 來表示所有數字的系統相比，既不會比較難也不會比較簡單。它之所以顯得難，只是因為我們不習慣。它是寫數字的不同方法，屬於另一種數學語言。主要的混淆來自：我們仍然使用十進制的數字及算術方式來描述它。

非十進制簡單嗎？

我們有十個數字，因此小於 10 的數目，我們分別給予一個特定的符號來代表，從 0 到 9。除此之外，我們不再需要數字符號。我們以十個為一群來計算，之後用十個 10（即百）為一群來算，以下類推。當我們寫 21 時，意思是「兩個 10 加 1」。當我們寫 201 時，意思是「兩個 100，沒有 10，加 1」。

「十」這個數目沒有任何神祕性。如果人類只有四根手指頭，每隻手兩根，我們很可能用四作計算基礎而不是十。這種情況下，我們只需要 0, 1, 2, 3 這四個數字就夠了。這就是四進制的世界，和我們的世界對照，我們是十進制的世界。

在四進制的世界裡，下圖的點將被算成「兩組4，剩下3」：

這個數字寫出來就是23。當然我們對自己的十進制系統這麼習慣，一看到這個數字，立刻聯想到更多點，意思是「二組10加3」。但是四進制是另外一種數學語言，它的數字雖然看起來和我們的很像，卻有不同的意義。在這種語言裡，23是指「二組4加3」。要忘掉我們習慣的十進制，而以其他的進制系統來寫數字，並瞭解它們的算術表示法，可能需要好幾天的功夫。

在此稍微提示一下，習慣四進制的小孩子看到的數學世界長什麼樣子。請看一下他的乘法表。因為只有四個數字0, 1, 2與3，乘法表只有九格要背，看起來令人相當開心。

×	1	2	3
1	1	2	3
2	2	10	12
3	3	12	21

這個乘法表看起來很奇怪，但這只是因為我們成長在十進制的世界裡。舉例來說，要計算出3 × 3，孩子會畫出次頁上方左邊的圖，然後他以四個一組來算，就像次頁上方右邊的圖。我們可以看到圖上有兩組4個和剩下1個，學生會把結果寫成21，因此3 × 3 ＝ 21。為了不與十進制混淆不清，這裡的21應該唸成「兩組四與一」而不是「二十一」。

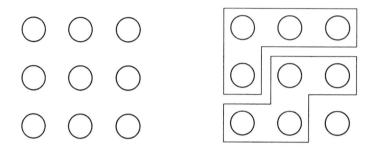

如果我們每隻手只有一根手指頭，那可能只有二進制，僅以0與1代表數字。小孩子要背的乘法表就會像下面的圖那麼簡單。

孩子們如果知道這件事，可能會反對我們用十進制，而希望用二進制。但是當他們知道了二進制的缺點之後，也可能會遺憾自己的選擇。用二進制時，即使遇到很小的數字，也需要很多位數。比方說在二進制裡，2要寫成10，4要寫成100，8是1000，而16則會成為10000。

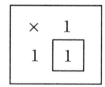

另一方面，二進制讓計算機非常方便，因為只有兩個數字，0與1，很容易用電子元件的「開」狀態或「關」狀態來代表。

專心學好十進制就可以了

我不想繼續往下說了，不然這一章會變成討論其他進制的章節了。要把一種新的進制說完，例如怎麼做加法與乘法的運算，還需要不少篇幅。讀者可能要花好幾個小時的練習，才能體會相關的算術技巧。這裡我只是想指出，我們這些在十進制環境長大的人，在面對非十進制系統時會遭遇到的挑戰。也許數學老師應該學一點其他進制的演算技巧，使他能對學生強調演算的重點，幫助學生好好

學會十進制的技巧。但不管在任何情況下，學習任何一種進制最好的方法，就是經常用它。我們用的既然是十進制，實在不需要把它和別的進制混爲一談。

但是SMSG卻深信，必須教導中學數學老師學會不同於十的進制。在SMSG給國一數學老師的建議裡，說明：「這個單元會加深學生對十進制與整數的瞭解。因爲在學習新的進制時，學生必須瞭解進制與其他數學演算的機制與原因，他對十進制會得到更深的見解。」

諾貝爾物理獎得主費曼（Richard Feynman, 1918-1988）就對教中學生非十進制非常感冒。在他的書《別鬧了，費曼先生》裡，他詳述了自己的看法：

1960年代早期，有一天我的助理哈維說：「你應該看看學校的數學課本長的樣子。我女兒帶回家的東西和想法，實在有夠荒謬！」

在蘇聯發射了同路號人造衛星之後，很多美國人覺得我們的科技落後了，於是就請數學家提供意見，看怎樣用些有趣、近代的數學觀念來教數學⋯⋯

讓我舉個例子：他們討論數字的不同進制，比如五進制、六進制、七進制等等。如果學生已經明白十進制，那麼討論其他進制還說得過去，這可讓他的腦袋輕鬆一下。可是在這些課本裡，他們把這轉變成每個孩子都要學會的進制。於是就出現了這類令人望而生畏的習題：「把這些七進制的數字轉換成五進制的數字。」把數字從一種進制轉換到另一種進制，是完完全全沒用的事情。如果你會轉換，也許還蠻好玩的；如果不會，沒關係，因爲那一點也代表不了什麼。

　　到了1965年，SMSG的工作幾乎都完成了。有一本書檢視了SMSG的成果，是由伍登（W. Wooton）寫的，書名是《SMSG：教科書的誕生》。書中的論調還蠻樂觀的：「直到目前為止，對這份教材的反應還不錯，不論學生、教師、家長、官員和數學家都表示滿意。跡象顯示它的影響將會持續下去。從它前四年的發展情形看來，教室裡的老師和象牙塔裡的數學家是可以共同合作的。」

　　但是幾年之後，多數新數學的改革都消失了。也許它太注重於介紹技術名詞、太過抽象或解說太複雜了；也許教師的訓練不夠，不足以處理這種新數學；也許它根本沒有得到發展的機會，舉例來說，有一位SMSG新教科書的業務代表對數學老師說：「如果你不想教新數學，只要跳過最前面的一百頁就行了。」

　　SMSG的工作也不是完全白費了，它至少讓數線（number line）在教室裡有了顯著的地位。任何看溫度計或直尺的人，都知道數字可以對應於直線上的點。整數、分數甚至負數，都可以在這條稱為數線的直線上，有個固定的位置，如下圖所示。

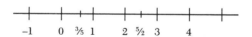

　　有了數線的幫助，學生就可以像看見幾何物體一樣，看到數字的世界。除此之外，SMSG還將機率的觀念引進教材裡，也幫助很多高中學生有能力讀微積分。

　　像SMSG這種開頭轟轟烈烈的大型改革運動，不但結合了教師與學者的努力，還蒐集了從教室回饋回來的反應，甚至依據這些反應改編了教材，最後仍難免失敗的命運。不過數學教育的改革運動並未終止，很多由私人基金會或州政府、甚至聯邦政府支持的改革仍然持續進行。但現在的刺激源頭不再是同路號人造衛星了，而是

美國學生在國際數學競賽中的成績低落，或認為少數民族的兒童需要不同的數學教學方式，或只是想把數學與電腦結合等原因。

不受挫於過去的失敗教訓，還是有許多教授和老師敢發展新的數學教材。當我見到一份這種新教材的編輯說明書時，我覺得上面說的都對，包括它的目標、嚴謹的試驗過程、改版花費的時間以及使用者的回饋意見等。我覺得自己似乎已成為他們的一份子，行動症候群又在我身上發作了。我想，終於有人找到正確的途徑，它一定會成功的。而這一定也是當年SMSG計畫的參與者，那些教授與老師共同的感覺。

但是當我看到他們的最終產品，一本高中幾何課本時，所有的信心全崩潰了。這本書居然超過八百頁，單單解釋「點」的定義，就足足寫了十二頁。

「新教學標準」大張旗鼓

1989年，一場新的數學教育改革運動又轟轟烈烈地登場，規模甚至超過SMSG。這一年，美國國家數學教師委員會（NCTM, National Council of Teachers of Mathematics）公布了一份《課程與評估標準》，那是一本淺白說明數學課應該教些什麼內容的書。兩年之後，他們又發行另一本類似的書《數學教學標準》，建議數學應該怎麼教，以及數學老師怎麼養成。這份「標準」的意圖是「為以後十年的學校數學教育改革建立廣闊的架構，引導改革的方向。指出數學教材應有的內容、各單元的優先次序與該強調的部分。」

這兩本書都鼓吹一種徹底的改革，不注重老師授課，而強調學生自行發現，不注重例行計算，而朝向非例行問題的解題和推理。兩本書都敦促老師應該持續強調「行」而不是「知」，數學觀念應該以一種「探究導向」的態度，由學生自己發掘問題，而不是由老

師提出問題再來教。就像新數學，這新教學標準強調瞭解，但最後的命運也類似。

　　新數學產生於冷戰期間，新教學標準則是針對美國學生在國際數學競賽成績低落的反應。新數學著眼於數學的邏輯性，新教學標準則把焦點放在學生身上，要他們從經驗裡「建構」數學知識。新數學做出一套可供使用的課本，而新教學標準反而只提供評估課本與教學方式的準則。新數學是由數學家和老師共同參與的，雙方人數大略相等，但新教學標準則純粹由數學老師發展出來。新數學只針對教材做改革，但新教學標準卻打算翻修所有的東西，包括教材、教育方式，以及評定學生成績的方法。

　　不過，新教學標準和新數學的目標卻很類似：「學生應該重視數學，對自己的數學能力有信心，能解決數學問題，並且能用數學方法來溝通與推理。」

　　為了達成這些目標，學生常被編成小組，共同建構他們的數學知識（專有名詞稱為「建構理論」）。新教學標準強調，「好老師能刺激學生學數學。學生只有在自己瞭解的情形下才能學會數學。他們必須檢查、應用、證明、溝通。當學生編成小組後，經由討論、參與並且自己努力學習之後，才能建構自己的數學知識。學生不可能只聽到什麼東西就學得會。」

一片歌功頌德之聲，絕非好事

　　新教學標準同樣面臨「計算」與「思考」這類古老的衝突：「某些紙、筆的計算技巧是很重要的，但這種知識只在利用它們解題時才重要。」另一方面，「在傳統複雜的紙、筆計算技巧上，計算機已經可以取代。」

　　新教學標準的改革內容洋洋灑灑，在應增加的教學內容方面，

包括：增加開放性的問題、發現數學理念、由經驗推理、將數學與外面世界連接、和其他同學的連繫、發展數字的觀念……。新教學標準主張應當減少的部分，包括：例行性一步步解答的問題、填空式的作業、依賴老師的權威、老師的說明、背誦規則……。

也許這項新的教育改革有機會成功。如NCTM的主席普萊斯（Jack Price）在1994年所寫的：

在我們進行目前的數學教育改革過程中，已有些成功的跡象。我們會這樣認為，是有理由的。第一，所有與數學教育有關的社群、數學家、數學教育人員和行政官員都已經站在同一陣線，雖然步調仍可能不完全一致。第二，我們擺脫了以往的改革「由上而下」的模式，這種模式已證實是失敗的。在改革的發展與進行過程中，我們確實做到使每個人都是平等地位的參與者。第三，這項改革有研究基礎，理論架構也很健全。第四，符合新教學標準的課本正由出版商在編輯籌備中。第五，現有的科技可以協助改革的進行。最後，政府也支持這種改革方向。

新改革運動的支持者相信這次會成功，因為他們相信已經避免了新數學推動時所犯的錯誤。

但新教學標準也與新數學一樣，受到一些零星的質疑。在布希總統時代協助擬定全國教育行政計畫的芬恩（Chester Finn, Jr.）在1993年的《教育週刊》上撰文：「即使在全世界流行十二年義務教育的今天，像新教學標準這樣的東西也很少被採用。不過，絕少有哪一種挑戰傳統做法的改革，能得到如此的尊敬與支持的……我們最好祈禱他們走對方向，否則就會像旅鼠似的，一大堆人盲目跟著前面的領袖前進，最後才發現自己置身險地。」

芝加哥大學一位專研數學教育的教授尤希斯金（Z. Usiskin）把他的疑懼說得更清楚。在一道相當溫和的標題＜NCTM標準的第二版應該有什麼改變＞下，他做了一些不怎麼客氣的批評：

反對新教學標準的聲音很微弱，主要是NCTM阻止任何對它的批評。如果有人不贊成這項標準，就表示他反對好的數學教育、好的教法和好的評量方式。

實際上，新教學標準並沒有記取以往的失敗教訓，它沒有指出哪些建議是以前提過、但沒有成功的。在新教學標準裡也看不出來什麼是真正的新東西，它的很多建議從未大規模試驗過。

雖然大家支持數學教育改革，是因為美國學生在國際比賽的表現欠佳，但新教學標準並沒有把那些成績好的國家所用的最好觀念引進來。它也輕視其他國家所用的數學課本。為什麼？理由之一是那些課本並不符合新教學標準所揭示的理念。別的國家並不認為學生永遠必須自己建構數學知識。

只是紙上空談罷了

事實上，新教學標準裡的想法並不是新東西，許多單位的文獻都已經提過。而我最感到憂心的是，新教學標準的作者群並沒有引述任何先導型計畫的結果，也沒有任何學區曾經真正進行過試驗，不知道他們的目標在真實世界裡是否真的能達成？我的意思是說，他們提議改變整個世代學習數學的方法，但卻沒有事先檢查建議的可行性。肥皂製造商想推銷一種新肥皂，都比他們慎重：在大量製造之前，一定會先在幾個商店或城鎮裡試賣的。

不管新教學標準的目標與建議多麼令人滿意，它還是必須依賴

出版課本的書商與負責教學的老師來貫徹與落實。出於好奇心，我特別翻閱了加州最近採用的一本課本，該課本聲稱符合新教學標準的準則。

　　下面是國中一年級數學課本的一部分，它要學生「發現」三角形的三個內角和永遠是180度。在「共同作業」的標題之下，寫著這些指示：

　　帶一個紙製的三角形來，形狀與同一小組裡每個人的紙製三角形都不同。把三個內角的角度寫上去，然後把三個角撕下來。再把三個角邊靠著邊並排在一起，不要重疊。

　　看起來出現什麼結果？與小組的成員一起比較你們的結果，做個合理的推測。

　　就在這段文字的次頁，回應這段指示的是，「在共同作業的活動當中，你會發現下面的陳述是對的，」然後用粗體字排出，「三角形的三個內角和是180度。」

　　從這樣一個學習實驗，學生能發現或建構什麼數學知識？由我對學生的瞭解，他們一定會馬上翻到下一頁，看看粗體字寫些什麼，並且停止小組實驗活動。

　　如果真的要學生自己發現，可以要求學生畫幾個不同形狀的三角形，度量每個內角的角度，再把三個內角的角度加起來。而正好這也讓學生有些練習的機會。然後教室裡的同學可以互相比較結果，並且猜猜什麼是對的。他們可能會、也可能不會推測出三個內角和是180度。這時候，老師可能說：「對，它永遠是180度。」但如果老師這麼做，他就剝奪了學生學習數學推理的機會。

　　另一方面，老師可以說：「實驗結果似乎表示三角形的三個內

角和是180度。但它們真的永遠恰好是180度嗎？我現在不用任何實驗，為你們證明三個內角和確實是180度。」

「首先，你們必須知道一些與角度有關的事。在下面這張圖裡，有兩條平行線被第三條線切割，角 x 與角 y 是相等的。」

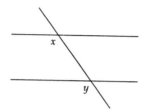

「同樣的，在下面這張圖裡，角 y 與角 u 也是相等的。」

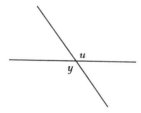

「因此，在下圖中的角 x 與角 u 是相等的。」

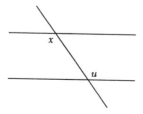

「現在假設有任何一個三角形，三個內角分別是 A、B 與 C，正如次頁的圖。」

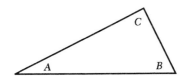

　　「我們從這個三角形的頂點，畫一條與對面的邊平行的線，並把這個頂點的兩個邊都延長。則三角形的三個內角都擠到這個角落的水平線上，形成一個平角，也就是180度。而我們剛才已經說過，這三個角正好分別等於三角形的三個內角A、B與C。」

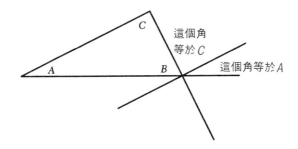

　　接下來，老師可以要求全班同學畫一個四邊形，然後實驗一下，看看四個內角和是多少。雖然老師已經對三角形做過完整的說明，學生還是有很多餘地可以探索與學習的。他們可以自己說明實驗的結果。

　　日本的教科書就用不同的方式來處理這個問題：章節一開始，就討論等角關係，接著說明三角形的三個內角和是180度，並解釋原因。學生並不是靠自己去發現的，他們是被教會的。儘管如此，日本學生在一些需要創造力的測驗裡也表現優異。

　　美國課本在兩方面都很差勁，既剝奪學生發現數學真相的機會，也剝奪他們認識數學推理與證明的過程。

　　我認為最理想的做法是，讓學生進行我所描述的實驗，而課本對內角和的結果是多少則隻字不提。當全班都忙著對付這個問題時，也許會推論出內角和為180度。此時老師可以反問他們：「大家確定嗎？會不會是179.45度？」經過一些討論後，老師再把證明過程講出來。老師要在學生的發現與自己的授課之間，保持一種均衡。我很擔心有些老師看到新教學標準所做的建議「減少老師的講授」，會誤解成「不必老師講授」。

這算什麼數學課本？

　　在加州一本新的數學課本裡，標題為「關鍵思考」欄裡寫著：「一個圓的圓周是否比它的內接正方形的邊長還長？這有何意義？請解釋。」

　　我相信這是因為新教學標準強調思考與溝通得來的靈感。但我對於應該怎麼回答第二小題，一點概念也沒有；至於學生會怎麼解釋，我也毫無頭緒。第一小題的答案倒是很簡單，只要回答「是」就行了，這似乎也很難發展出什麼溝通技巧。

　　課本的其他地方還提到，圓周與它直徑的比值，不能用一個確切的小數來表達。這完全是胡說八道。這個商是個無窮小數，始於3.14159，你只要有時間，愛寫多少位數就寫多少位數。但無窮小數也有它確定的值，例如$1/3 = 0.333\cdots\cdots$。

　　瀏覽過幾本所謂合格的新課本好幾百頁的內容後，我有很不安的感覺。這些課程內容顯然是匆匆忙忙編在一起的，既未經過任何教室的試驗，也未經過數學家認真的審查。這些課本的內容只顧及到新教學標準的文字表相，卻沒有觸及它內在的意涵。也許受限於時間與經費，出版商沒辦法把事情做好；但在另一方面，他們卻又有時間與金錢，把書印得色彩精美、漂漂亮亮的。在林林總總的彩

色說明裡，我看不到一點數學的蹤影。我擔心的是，出版商在課本裡放了這麼多照片，目的恐怕不是想幫助學生學習，而是想讓教科書評選委員留下深刻印象。因為，要從這麼多候選教科書中挑一本出來，畢竟是很費力的工作。

有一份報告比較了美、日兩國的教科書，結論如下：「日本的課本平均約有200頁，一般分為七章，每章又分為互有關聯的二到三節。反觀美國課本，平均厚達475頁，大約包含有十二章，每章又很鬆散地包含十幾個沒什麼關聯的主題……美國課本裡大約有19%的說明文不對題，日本課本根本沒有這種情形。」顯然，美國課本的生產方式應該要進行一次大翻修。

老師加油！

除了教科書出版商之外，數學老師也有責任把新教學標準的理念落實到現實環境裡。其中特別重要的是小學數學老師。小孩子對數學的印象是從小學五、六年級開始的，以後就定型了。而且數學有很緊密的結構，一個觀念架在另一個觀念上，一種技巧排在另一種技巧之後。如果學生沒把一種重要的想法搞懂，以後的東西就完全無法瞭解了。

很少有老師具備足夠的背景知識去執行新教學標準。我教的學生裡，很多是將來的小學數學老師，通常他們都不想選修科學與數學方面的課。他們把必須修的數學課程儘量往後延，拖到高年級才來修。有些人的數學能力很差，甚至分不清5/6與1/2哪個比較大，也有人算不出2/5 + 1/10等於1/2，不論用式子或圖形都不沒辦法。

有個老師想照新教學標準的建議，讓班上的學生實際練習，因此要學生計算興建一座公園的成本。在籬笆這個項目，他應該把圓

周的計算公式給學生，結果他給的是面積公式。顯然，如果老師本身的數學能力不足，在帶領學生的時候，任何時候都可能碰到各種奇怪的難題，而覺得陷入水深火熱之中。

新教學標準為數學老師的訓練，開出一張包羅萬象的藥方，遠超過目前的實際狀況。舉例來說，小學五年級到國中二年級的數學老師，應該要會矩陣、三角學、座標幾何、球形幾何、統計學、微積分，以及極限與無窮。我希望新教學標準把數學老師的再教育列為最優先的工作，而不要一次就想同時完成課程、教材、評量等等的大翻修，否則一定會失敗。

改革運動總是眼高手低？

我擔心新教學標準很像個建築師，已經設計出一座很漂亮的大橋，但是承包商卻使用包著鐵皮的木頭來做橋墩，造橋工人也像木匠一樣，只是用釘子把整個結構釘牢而已，不是焊上去的。

這份新教學標準到底會把我們帶到美好的應許之地，或是另一處險地，現在還言之過早。但有件事很清楚，在過去一百年來，至少有過一次大型的數學教育改革運動，並沒有成功。有一位數學教育家，以前也曾擔任數學老師，姓道格戴爾（S. Dugdale），他告訴我：「這種改革運動總是換湯不換藥，名字每十年就換一次，內容卻很少改變。」

我在下一章會對數學教育做一些建議，內容很簡單，規模也很小，因此我不認為它們與枝繁葉茂的數學教育改革運動，有什麼瓜葛。

第13章

溫和的與直爽的建議

　　數學教育改革經過百年的努力，還沒有完全成功。因此對怎麼教數學或學數學，應該不會再有人提出什麼改善建議才對。儘管如此，身為一個天生的樂觀主義者，我還是打算提幾項建議。這些建議很多都是其他人也曾建議過的，但仍然值得重提。尤其我特別引用史蒂文生（H. W. Stevenson）與施蒂格勒（J. W. Stigler）在1992年合寫的書《學習落差》。這本小書是比較了中國、日本與美國的學校之後而寫的，我認為每個老師與家長都應該讀一讀。

　　我建議的事都是簡單易行的。讓我先從我想埋怨的對象說起。

漫畫家，請幫幫忙！

　　或許是反映出我們社會普遍對於數學學習的不安，長久以來漫

畫家習慣以數學為對象，不時地嘲弄一番。甚至在培育小學數學老師的教材裡，也出現這種漫畫。那可對事情一點幫忙也沒有。想像一下，學生在每天出現的連環漫畫裡看到這類作品，他們到底會得到什麼訊息。下面的對話是取自《史努比》(Peanuts)漫畫：

「看，我們把蘋果從中切開，現在我們有兩個半邊蘋果。」
「那是分數！你怎麼又打算教分數！我永遠弄不懂分數！我快被你逼瘋了！」

這是教學生分數的好辦法嗎？接著來看看在「卡爾文與霍布斯劇場」的一段對話：

「關於這堂數學課，我有個問題。」
「哦！」
「想到反正我們大家遲早都會死，學這些整數有什麼意義？」

我承認自己也覺得這段對話還蠻有趣的。但為什麼單單挑數學？他怎麼不問「學習閱讀、寫作或念歷史有什麼意義？」我只是隨便舉個例，並不是建議應該這麼問。

從我蒐集到的漫畫裡，還可以舉很多的例子。這些訊息都強調一種想法，小孩子害怕或討厭數學課是正常的。我從來沒有看過任何一則漫畫或笑話，把數學說成令人喜歡的科目。難道漫畫家就不能試著在我們的社會裡，給數學一個正面的地位，試一次也行啊。

次頁的漫畫是我自己畫的，只是想把我的意思表達清楚，相信漫畫家能畫得更好。

我曾經問過外國來的訪客，在他們國家裡，漫畫家是不是也常

拿數學開玩笑？他們的回答千篇一律：「當然不會，數學是很重要的科目，正常人都知道那是基本素養。」我們社會可能需要一整個世代的努力，才能把大家對數學的態度扭轉過來。但漫畫家可以使轉變加速，漫畫家當然可以成為數學教育改革的部分力量。而現在他們所做的事方向正好相反。

我不該只怪漫畫家。有個會說話的芭比娃娃，說的話居然是「數學課好難啊！」為什麼不能把她設計成說「數學課真有趣！」還好，有很多女權運動者出面抗議，芭比娃娃終於不再抱怨了。製造商解釋：「我們從來沒有想到，要男孩或女孩不喜歡數學。」不需要有什麼意圖，在我們的社會裡，這種想法是自然而然的。現在是我們考慮一下，自己要送什麼樣的訊息給孩子的時候了。

親愛的家長，別把責任都推給學校

有一所中西部的學校曾經為學生家長評分，像是：花多少時間陪孩子做功課，和孩子一起閱讀以及參加學校舉辦的各種活動等等。這個計畫提醒家長，在孩子的教育上他們其實扮演著很重要的角色。大部分的人通常都把教育學童的責任完全推給學校。

閱讀能力是學業進步的關鍵，尤其對數學更是如此。父母親如

果常高聲唸書給小孩聽，可以幫助他們成爲優秀的閱讀者。

《學習落差》一書對家長參與學校活動，給予高度評價：「家長把孩子送入學校之後，不應該放手不管，應該像學齡前的歲月一樣，積極參與教學活動。家長對學校的活動必須表示參與的意願，否則孩子會認爲學校裡的活動並不是他生活中的要事。」

中小學老師常告訴我，他只要觀察學生家長對課業的介入程度，就大致能預測學生功課的好壞。

不管我們社會對讀書這件事的負面看法如何，家長都有責任去抗衡。伍頓是美式足球國家聯盟負責球員招募計畫的人，他很明白地建議：「當一個傑出的運動員進入大學時，他只把學校看成是他運動能力的一條通路。打破這種形式的唯一方法，就是父母在孩子的教育過程中要扮演更重要的角色。」他的忠告適用於所有的父母。所有那些對學校功課心不在焉的孩子，都需要父母親的幫助。

就算父母親的數學能力不好，沒有辦法指導孩子做家庭作業，他們還是可以提醒孩子數學課的重要。我父親只念到小學三年級，而我母親只會算術，其他全不會。雖然他們從來沒有直接幫我做功課，但他們不斷地提醒我，課業很重要。他們告訴我：「你只有一件事，就是好好學習。」

獨力撫養小孩的單身母親，也應該讓她的孩子瞭解，她認爲學校事務有較高的優先。即使她每天只有很短的一小段時間與孩子相處，她也該問：「你今天學到些什麼？」同時不斷提醒孩子，數學不但是很多職業需要的技術，也是日常生活中作各種決定的工具。

讓孩子在家裡有個光線充足的地方可以念書，有專門的書桌最好，不然廚房的工作檯也可以。《學習落差》報導：「一般日本家庭的室內空間很小，常被嘲弄像個兔籠。但超過80%的家庭爲孩子另外挪出地方，讓孩子可以專心做功課。日本家庭中，五年級以

上的孩子都有自己的書桌。但在美國家庭，比率只有60%。」

我曾聽見許多父母親對小孩說：「我數學不好，我想你也好不到哪裡。」真是奇怪而錯誤的心理。父母親做不好某件事，可能是受到無數個不同因素的影響，但這些因素沒有一個會藉由基因傳給孩子。相反的，這種父母應該鼓勵孩子，克服碰到的困難。畢竟我們不是要求他們創造出什麼新的數學，只是要求他們學會這些已經存在了很久的知識，而且只有一小部分。

有些老師怕家長反彈，不太願意出家庭作業，即使上代數課也一樣。其實對代數課來說，充分練習是絕對必要的。家長應該向老師聲明，你希望老師指定必要的家庭作業給孩子，你會支持的。

家長也需要幫助孩子設定事情的優先次序，先做重要的事。目前，很多孩子都有超額負擔，以致於沒有時間來處理學校的課業。如果在你家也是這樣，就協助孩子捨棄某一部分吧。千萬不要學某些家長，居然對老師說，他們的孩子要學空手道、體操和練琴，因而沒有時間做功課。

《學習落差》也提到：「中國和日本的小孩都知道，只有在做完當天的家庭作業之後，才有自己的時間。在美國，休閒活動和功課一起搶孩子的時間。」

幫孩子增加數學體驗

身為父母，你有很多機會可增加孩子的數學經驗，讓玩數字成為日常生活的活動。當你在烹飪時，讓孩子使用量杯。如果你要裝窗簾或做書架，請孩子幫忙量尺寸。買東西的時候，要孩子幫你計算金額，比如要他們比較一下，大型或超大型包裝，每公斤的價錢哪個比較便宜。開車旅行時，讓孩子帶路，要他們看地圖，估算一下到下一站的時間，或算算看還剩多少汽油。

　　搭飛機也可以提一些類似的問題。例如，「如果換算成英里，我們現在飛多高？」或「機艙裡有幾個座位？」（這是很好的乘法應用題）或「載客率有百分之幾？」「為了這趟飛航，乘客總共花了多少錢？」「飛機每分鐘消耗多少燃油？每秒鐘呢？」「飛行一英里要多久？」等等。

　　在餐桌上，也可以提出一些數學謎語或簡單做些練習。我女兒蘇珊娜上小學一年級的時候，我們常和她玩一種「找 x」的遊戲。比如說，「如果 3 乘 x 是 15，x 是多少？」或者是，「如果 x 乘 x 比 x 本身多 6，x 是多少？」這麼做，可以讓小孩子提早習慣用 x 代表一個未知量，還沒學代數就會了。藉著遊戲來介紹數學，一點害處也沒有。對孩子來說，遊戲可是很正經的。

　　每天的報紙都充滿數字，像體育版裡全是一些有小數點的數字或百分率。在美式足球季裡，連負數都可能出現在報紙上。

　　要讓女孩子保持對數學的興趣，母親的角色就很重要了。賓厄姆（Mindy Bingham）在《到我女兒時，事情就不同了》書中強調，「母親的態度對女兒有持久的影響力。」她勸告為人母者，即使自己不喜歡數學，「永遠不要承認。這是你必須撒謊的時候。連開玩笑似地表示不喜歡，都該避免。」

　　社會上有個很流行的偏見，說「女孩子的數學不好。」下面是一些專家的建議，主要是想把女孩子由上面的成見拉出來：給你女兒一些零用錢，要她記錄下花費的情形並控制預算；對女兒和兒子的數學成績同樣重視；問看看她的老師是否在教室裡對男女同學的態度不同，即使是無心的也不應該；介紹一些「非暴力、無競爭」的電腦軟體給女兒玩。（這些建議對男孩子也一樣適用。）

　　關於電視又該怎麼辦？雖然電視上有很多美妙的節目，但這種媒體本身有它的危險性，它能把觀眾束縛在魔咒之下好幾個鐘頭。

坐在電視機前面是被定住的狀態，沒有辦法從事任何活動，不能遊戲、閱讀或助人。在我們這一輩成長的階段，家裡沒買電視的比比皆是。現在，我女兒雷貝卡家裡也沒有電視，她的孩子分別是五歲和九歲，看來也活得好好的。

看電視最好是限定時間，如果做不到，建議你把它丟掉，或者像貼在汽車保險桿上的小貼紙所寫的，「宰了你的電視機！」不過這種舉動可能太暴力了，畢竟電視上面還是有許多好節目。我現在立刻就想到幾個，像一些報導歷史或經濟的節目，或是有關人權運動、藝術、自然和科學的節目。幫助孩子學習怎樣挑選好的電視節目，可讓他們學習以後在人生旅途上如何作選擇。

很顯然，父母親在孩子的數學教育上負有很大的責任，就算他沒有辦法協助解答數學作業題目也一樣。家長在批評老師之前，應該先檢討自己，是否已經盡了一切努力來鼓勵自己的孩子。不要學下面提的那種反面教材：有一位老師告訴學生家長，說她兒子有學習障礙時，這個家長悍然回答：「你是老師，那是你的問題，與我無關！」

學生得學習自己負責

孩子漸漸長大後，對自己的學習也能負擔起較多的責任。但有些孩子就是不負責任，好像對自己的教育過程完全是個旁觀者，漠不關心。最極端的例子是，有一名學生控告學校，「我根本不會閱讀，他們還讓我一次次地升級，最後還發文憑給我。」

與此相反的另一種極端，可由富蘭克林（Benjamin Franklin,1706-1790）作代表。在他十六歲的時候，覺得自己寫作技巧不夠純熟，尚待加強。他在自傳裡提到自己如何達成目標：

　　我認為《見證者》(Spectator)那本書寫得好極了，希望如果可能的話，自己也能模仿。帶著這種想法，我準備了一些紙張，把原作的每一句意思寫個簡短的提示在紙上，把這些紙擺幾天，然後不看書，試著把文章寫出來，將紙上的短提示加長、補充，設法恢復原先的表達方式，使用我會的詞語。接著，我把自己寫的與原著比較，尋找缺失，改正過來……

　　我有時也故意把自己的提示弄亂，然後花好幾個星期的時間，盡力把它們排出最好的次序，接著再完成上面的練習。這種方式讓我學會怎麼把思想做有次序的安排。然後我再把自己寫的與原著比較，找出缺點並加以改正。在整個過程裡，有時我也會為自己一點小小的創見陶醉不已。我很幸運地藉由這項訓練，增強了思考方式與語文能力，使我有勇氣認為自己日後也許能成為一個稱職的英語作家。我用來閱讀和練習的時間，通常是深夜做完工作之後，或者是清晨尚未開始工作之前，有時也利用星期假日。

　　想像一下學生自我砥礪的程度有這麼大的差異，從那位控告學校的小伙子到偉大的富蘭克林。每個學生都在這兩端之間，但可以選擇向富蘭克林那一端移動。在目前教室裡的氣氛這麼紊亂，學生作這項選擇可能是必要的。

企業界也得重視數學

　　企業界每年大約要花費250億美元，用在員工的在職教育上。我建議企業界移撥一小部分經費來改善數學教育。或者成立一個基金，把具有數學專長的老師請到小學去，或者支持各級學校的數學老師互相觀摩、訪問，也可以到工業界參觀訪問。否則老師會被孤立在教室內，漸漸與外面脫節。

長期而言，這種投資或許能使目前在職訓練的成本大幅降低。

大學教授先別抱怨

也許是潛意識的影響，數學教授大多認為數學系畢業生以後會進入數學研究所或電腦科學研究所，有的會改行當律師或學醫，或者成為保險精算師或系統分析師。

當這些數學教授發現約有半數左右的學生、甚至高達70%，會成為高中數學老師時，的確大吃一驚。每個數學系都該好好想想這個問題了：「我們該怎麼幫助這些未來的數學老師？」

《數學教學標準》也觀察到，「在目前大學數學系的文化裡，那些預備當老師的人，常被看成次等公民。」亨格福德（Thomas Hungerford）是個數學教授，他在＜未來的小學老師：被忽視的顧客＞一文中，警告數學家：

不論是大學數學教授或高中數學老師，抱怨新學生的數學程度不佳，已變成年復一年的流行。大學教授埋怨高中數學老師，而高中老師也埋怨初中老師或小學老師，沒把數學教好。雖然這種一級級抱怨一級，會讓最上層的人覺得好過一些，但實際上這種抱怨是某種惡性循環。因為中小學老師是那些大學教授訓練出來的，中小學老師過去也是他們口中的那些新學生。

我敦促數學系的教授同僚，能去看看亨格福德的建議（*The American Mathematical Monthly* 101(1994):15-21）。

萊特澤（J. R. C. Leitzel）在1991年寫了一本書《大學的數學教育》。書中提到：「我們整個數學教育體系裡最弱的一環，可能是小學老師的數學養成教育。」

　　至少我們應當發展出一種一年左右的教材，範圍由高等算術直到微積分。這份教材可以給準備教數學的各級老師，對數學有更深一層的透視，從而增進教學能力。除此之外，還能幫助他們評估數學教育改革的作為，評量數學課本的好壞。

　　但是除了「教什麼」很重要之外，「怎樣教」也同樣重要。那些老師會怎麼教學生，就像他怎麼被教出來一樣。也就是說，老師不但要會講課，在適當的時候也要懂得善用一些教學技巧。

　　我們已經提供很適當的數學課程，給工學院和商學院的學生。現在該是我們正視未來數學老師需求的時候了。而這個教育未來數學老師的特殊需求，卻引發一個更基本的問題。

當老師不是有證書就可以了

　　在美國很多州，想當老師的人都參加一種師資訓練計畫，一年後就可以得到一張教學憑證。這張憑證是說這個人是「教學專家」，他的教學會比沒有憑證的「外行人」更有效果。但是有很多實驗證實，在教室裡，外行人和有憑證的專業教師同樣出色。

　　在《職業教學專家：事實或傳統》這一本書裡，詹寧斯（L. Jennings）、喬治（S. George）與謝爾（A. Schell）提到：「至少在小學老師這個階段，師資培訓和教學成果之間沒什麼關聯。雖然研究指出，不同老師的教學成果有可觀的差異，但這些差異與師資培訓無關，反而與個人的特質有關。」

　　他們引用的證據非常明確。這些證據部分來自對照實驗，在實驗裡，有憑證與沒有憑證的老師都教相同的科目。另外有部分證據來自一些代課老師的表現，因為有憑證的教師人數不夠。最後，三位作者建議：「能否在中小學教書的最主要條件，應該看他是不是能幫助學生在課業上有大幅度的進步。」

意思是說，教師憑證發給的對象，應該以教育的成效為準，而不是看一個人修了多少教育學分；再沒有其他條件可以明白預測將來這位教師的教學是否成功。這項準則可以把教師拉進更專業的領域，就像醫師的養成訓練一樣，有很嚴謹的師徒相傳的意味。

教育經費永遠不嫌多

最後我要談談學校。《學習落差》一書裡有幾項建議，可望將我們的學校教學水準提升至，比方說，與日本學校相近。它最重要的建議是：「降低小學老師的教學負擔。讓老師有足夠的時間，可以進行教學準備，對個別學生做課外輔導，並經由與學生及其他資深教師的互動，增進教學技巧。」

這種變革可能需要增加稅收來支應學校的開銷。雖然與其他工業化國家比較，美國的稅還不算太高，但「稅」這個字眼，卻成為討論的終結者，碰上它就一切免談了。其實學校經費是最不能吝嗇的地方，短期的節省一定會產生長期的透支。想想看，關在牢獄中的150萬罪犯中，有85%高中沒畢業，難道不能刺激我們做一些反省嗎？健全的教育系統意味著比較複雜多元的勞動力結構，這些人會成為納稅人，而且不太可能依靠救濟金過活。

美國這個國家很奇怪。每年總有七萬人願意花200美元去買一張票，看超級盃足球賽；為了安排泰森和邁克尼利的拳擊賽，裝設16,000個座位要花1,600萬美元，外加電視轉播金6,500萬美元（大約有152萬人看電視，每人平均約花費43美元），但卻沒有錢支持學校教育。

或許我們該捫心自問：「什麼是當務之急？」如果我們都不反省，那不等於某些數學教授光會批評大學生程度太差嗎？不先自我反省，大家都該住嘴，停止批評學校教育。

也許數學應該有兩種

我最後這項建議，應該是我自己獨到的見解。但是它這麼明顯，我相信一定有人曾經在什麼地方提過，只是我不知道而已。

百年來，在數學教育裡一直有兩派在論戰：「基礎」與「理解」，「例行計算」與「邏輯思考」。好幾次的數學教育改革都聲稱可以調和兩者之間的衝突，但從未成功過。

可能只有一種方法，可把這項爭論一次徹底解決：不要延續這場久年的論戰，而是轉而發展數學這種雙重性的分裂特質。應該有一套課程用來發展計算能力，另一套課程發展數學觀念與解決問題的能力。數學領域裡有足夠的內容可以同時滿足這兩方面的需求。

在計算的課程方面，除了提供一般的筆式計算練習之外，還可以包括算盤、計算尺、計算器、電腦與一般的心算演練。至於觀念課程則可以發展基礎觀念，像分數、進制等想法的歷史與源流，解決一些非例行性的問題。有了這樣的區分之後，不管基礎學派或觀念學派，都不能再貶抑對方。

如果沒有足夠的師資可教授「觀念」方面的數學課，可以設法從工程與科學這兩個領域挖角一些人才。當然，他們的薪水可能會高些，使其他老師不舒服，不過這是沒辦法的事，只好自我調適。在我任教的大學裡，工程、法律、醫科和經濟學的教授，薪水都比較高。我們這些其他科的教授只好學習在不齊頭的條件下過生活。

最後這項「數學有兩種」的建議，若要付諸實現，會花不少時間。至於其他的建議比較起來都很簡單，可以立刻實行。我們不必等待，每個人都有很多事可以馬上做。

第二部

國民數學須知

讀數學與做木工、打網球或歌唱都一樣，

若想學得好，

絕對需要注意到最微小的細節。

第14章

怎麼讀數學

我平常看報的順序正好與版面的次序顛倒，先看體育版，接著看氣象、休閒版，然後看評論，最後才看新聞版。就算看新聞，我也是倒過來，先看後面。因為最重要的新聞多半很枯燥沈悶，常擺在後面。但這可不是念數學的方法。就算你看報紙、看雜誌或閱讀小說的習慣，都是按照作者安排的次序，也不保證你能念好數學，或者讀懂任何以數學語言寫出來的簡潔內容，譬如物理課本。

在閱讀一行行的數學內容時，想要跟得上，讀者必須是一個主動參與者，很像是共同作者。並不是只要讀得比平常慢些，或者同一頁多看幾遍就行了，而是要隨時保持警戒與疑心，不能讓任何東西溜走。

沒什麼東西逃得掉，讀者要和作者同樣努力。

　　我再以另一種方式看待「讀數學」的挑戰。數學書作者的遣詞用字總是很審慎，期使邏輯很清楚，以滿足各方思考模式不同的讀者。至於讀者，則只需要與一個人打交道，那就是作者。作者與讀者都扮演主動的角色。因此在這層意義上，「數學」是個動詞，而非名詞。

　　簡單地說，讀者要確定自己是不是明白作者所寫的每一步驟：有時要停下來，畫一個書上沒有畫出來的圖形；檢查一下計算過程；或找幾個例子驗證一下作者的聲明。日常生活中與這樣子讀數學最接近的，倒不是看報紙，而是玩一種俗稱哈奇紙袋（Hacky Sack）的遊戲。兩個人將一個網球大小、塞得滿滿的袋子，用腳互相踢來踢去，不能用手去碰，也不能掉地。類似兩人互踢毽子。

　　曾經有位讀者投書給著名的專欄作家沃斯沙溫特（Marilyn vos Savant）問道：「我的腦袋裡就是裝不進代數，妳有什麼好辦法嗎？」她回答：「買一本最基礎的高中代數課本，從頭開始讀起。除了運用公式之外，還得仔細推敲每一個問題。」我完全同意她的看法。

　　「為什麼這麼多人覺得學數學有困難？因為學習數學的過程要求完美。中途的每一個步驟，都絕對需要注意到最微小的細節。」

　　其實不只是讀數學需要這樣，所有其他可以做得很好或做得差的活動不也一樣？做木工、打網球或歌唱都一樣，若想學得好，都絕對需要注意到最微小的細節。

簡潔 ≠ 胡亂省略

　　報紙與數學之間，還有另一種對比：數學的書寫方式簡潔、明晰，報紙的寫法則鬆散、重複，看報的時候即使省去很多字，你仍能明白句子的意思。舉例來說，上面的話可以省略成「數學簡潔、

報紙冗長」，你仍然可以瞭解意義。

　　但是在數學裡，每個符號都有意義。下面五句話說的是同一件事。第一句是一般散文的陳述法，第五句是數學式。第二、三、四句則是由散文形式逐漸過渡到數學式。

　　三是個正數，當我們把它自己乘自己，會得到九。
　　三是個正數，它的平方是九。
　　3是正數，平方為9。
　　3是9的正平方根。
　　$3 = \sqrt{9}$

　　比較第五句與第一句。在最後這一句，沒有任何東西可以省略。在其他例子，如 $\sqrt{36}$ 以及 $\sqrt{49}$，平方根都是很方便的數字（6與7）。但是有些平方根就不一定這麼簡潔了，舉例來說，$\sqrt{40}$ 就介於6與7之間。讀者可以試試看算出 $\sqrt{40}$ 幾位小數的值，用計算機或手算都行。

　　為了確定我說的意思很清楚，我再舉另外的例子，也是由傳統的散文開始，最後以簡明的數學語言作結。

　　如果你用一個介於零與一之間的數字，來乘自身，會得到一個新的數字，它比原數字來得小。
　　一個介於零與一之間的數字，它的平方比自己小。
　　若r是一個0與1之間的數字，則r^2小於r。
　　若$0 < r < 1$，則$r^2 < r$。
　　（最後一行用的符號<，意思是「小於」。）

　　在最後一行這麼簡單的陳述裡，若讀者省略掉任何符號，一定搞不懂它的意思。省略任何東西不看，不但不能增加閱讀速度，反而會使速度變慢。最後一句雖然比第一句短很多，但說的仍是同一件事。讀者應該利用一些0與1之間的數字，例如 r＝0.7，來檢查它是不是說得對。0.7的平方是0.49，的確比0.7小。做這種檢查是對記憶的額外提示，對閱讀速度而言則像是一種路面上的顛簸塊，使讀者的速度慢下來，適合數學語言。因此，你應該自己把每一個符號唸一遍，最好是大聲唸。

　　在第15章，我會談到正整數（whole number）。為了確定我們彼此已經對正整數的意義有共識，我在這裡停一下，再為它個定義。正整數就是1, 2, 3, 4, 5……這些我們在算東西時用的數目。也有人把它們稱為自然數（natural number），甚至有人把0也算進去，0代表「在開始時，什麼都沒有的狀態。」

　　整數（integer）比正整數包含更廣。它包括正整數、0、負整數（negative integer）。下面的圖形是一條數線，整數代表數線上固定距離的標記。正整數在數線上，是0的右半邊，負整數則是在0的左邊。至於0本身既非正值也不是負值。

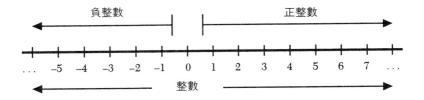

　　數學並不是唯一需要一字字、一個符號一個符號推敲的文字作品。殺蟲劑的警告文字、特殊菜餚的食譜、或某些電子設備的操作手冊等等，我們都必須換檔、慢下來，才能得到重要的細節。每天

快速瀏覽報紙，無助於發展出需要耐心、專注的閱讀步調。

　　還有一項建議，就是特別注意定義。自己把定義抄一遍可以幫助集中注意力，並有益於記住定義。

　　我還記得，有個念數學研究所的學生說：「在我閱讀的時候，我先跳過那些細節，集中注意力於概念。之後我再回過頭來看論證的步驟。」兩年之後，那個學生告訴我，他什麼都沒學到。因此，如果你想要在麻煩的細節與大的概念之間保持平衡，首先還是要注意每個小細節，再把它們拼湊起來。

　　讀數學要慢慢來，仔細閱讀每個符號、每個字，並檢查每一個句子。第二次則注意從頭到尾，把它們串在一起。即使你不太習慣這種閱讀方式，你也會發現經過練習之後，一切都變得很自然了。請記住下面這些話：

　　經過這些年之後，祖母的英語還是很破。
　　她的口音很重，但別人能懂，她也知道。
　　這就夠了，她也過來了。
　　我也像她，會換燈泡、煮蛋、綁鞋帶，但僅此而已。
　　為什麼我不能再進一步，
　　學會配電線、烘蛋糕、研究繩結，把一些技巧弄清楚？
　　為什麼我劃地自限，廉價出賣自己？
　　我能跳多高？
　　能不能做個陶壺？
　　或畫一幅油畫呢？

　　第15章會給你機會練習閱讀數學。

第15章

你永遠看不到一個大數

　　有一天，一位記者打電話問我：「加州的財政預算有80億美元的赤字。有什麼方法可以讓讀者對80億到底是多大，有比較具體的印象？」

　　「這個嘛，就像有40萬人，每人賺2萬美元。」

　　「這還是太抽象了。」

　　「那麼，下面這則如何：80億面額1元的美鈔，可以鋪蓋舊金山多大的面積？」

　　「這個例子具體多了。」

　　「好，等我算出來再回電話給你。」

　　我知道舊金山約略像個正方形，每邊有7英里，因此面積為7 × 7 = 49平方英里。接著我量1元美鈔，長寬分別是6又1/4英寸

與2又5/8英寸。把這些數目變成小數點，就是6.25與2.625。我用計算機算了一下，知道要用1元美鈔把舊金山鋪滿，大約需要120億。因此80億大約可蓋滿三分之二的舊金山市區。不過若用這筆錢來鋪蓋紐約的曼哈坦，倒是綽綽有餘。

寫到這兒，我們知道全美國的財政預算赤字是5兆美元。這筆錢足夠把佛蒙特州和新罕布夏州鋪滿，剩下的錢還能夠把紐約、芝加哥、洛杉磯和隨便你選的幾個大城市都蓋住。

因此，我們每天在報紙上看到的數目字，幾十億或幾兆，看起來好像十分巨大。這些數字遠超出我們的想像，即使我們有時在報上看到一些企業合併或震災損失的數字，也是這般大小。

指數把大小隱藏起來了

我喜歡想像十億美元是「大約32,000人，每人賺32,000美元」。這樣可以把這個數字降到一般人熟悉的尺度，但仍然相當巨大。在這種處理方式上，一百萬元就是有一千人，每人賺一千元。

十億（1,000,000,000）與一兆（1,000,000,000,000）有這麼多個0，實在讓人很難唸。有個比較簡單的方法，就是看看要把10乘上多少倍，才會得到這個數字。十億有9個0，就是把10乘上9次，$10 \times 10 \times 10 \times 10 \times 10 \times 10 \times 10 \times 10 \times 10$，可以寫成$10^9$（讀成10的9次方）。而一兆有12個0，就寫成$10^{12}$。這就是所謂的指數記號（exponential notation）表示法，好處是很簡潔，但壞處是把數字的真正大小隱藏起來了，因為我們再也看不到一長串的0。

當我在寫這一章的時候，正好我的六歲孫女海倫娜打電話來問我：「googol（音譯：古戈耳）是什麼？」googol是字典裡有定義的第二大的字，是1後面有100個0。那是1940年美國數學家卡斯納（Edward Kasner, 1878-1955）與紐曼（James Newman）在《數

學與想像》一書中提到的，是由卡斯納的九歲姪兒命名的。至於字典中最大的數字為googolplex，是1後面有1 googol個0。看起來是很巨大了，但數學家在研究整數的性質時，還會碰到更大的數字。

　　回到西元前三世紀。當時，阿基米德寫下一個問題：是否有個數字大到就像無限大？

　　葛隆王（King Gelon）認為有這麼一個數字，比如砂粒的數目可以是無限大；而且他指出，他說的砂粒不僅只是在義大利的夕拉庫沙（Syracuse）或西西里地區，而是包括其他有人或無人居住的地方。但我可以給個數目字，它代表的砂粒不但可以填滿整個地球，甚至可以填滿整個宇宙。

　　假設砂粒的大小就像罌粟子，而宇宙的直徑是地球直徑的一萬倍。阿基米德指出，只要有10^{51}粒砂，就能把宇宙填滿。

　　我相信大家都同意，一百萬、十億或一兆都是大數目，而1與10是小數目。至於100與1000，可能意見分歧。這就產生了一個令人疑惑的問題：「哪裡是小數目的終點與大數目的起點呢？」我把這個問題留給讀者去沈思。

奇、偶個質因數的數字遊戲

　　但是在數學裡，很明顯的，甚至連一兆也是個小東西。它真的是個小數目。到目前為止，我可以說沒有人曾見過一個真正的大數目，而且永遠也不會見到。當然我最好把這項聲明稍微調整一下，尤其在談過一兆美元可以覆蓋整整兩個州之後。

　　為了說明我的意思，我要解釋一種很簡單的個人遊戲，是一種

可以用紙、筆與正整數1, 2, 3, 4⋯⋯玩的遊戲。我會在本章最後解釋，這遊戲與數學有什麼密切的關聯。

先選一個正整數，如果它只有兩個不同的因數，它自己和1，這種正整數就稱為質數。舉例來說，最前面的幾個質數是2, 3, 5, 7, 11, 13, 17, 19與23。從2開始的正整數，若不是質數，就是一個可以分解為由質數相乘所得到的數，而且這種質數分解法是唯一的。（注意1不是質數，它只有一個因數，就是自己。）

現在，任何從2開始的正整數，要嘛是一個質數，不然就是一個由偶數個質數相乘的積，再不然就是由奇數個質數相乘的積。例如15 = 3 × 5是由兩個質數相乘而得，它有偶數個質因數。我們姑且稱這種由偶數個質數相乘所得的數為「偶質積」（evener），因此15是個偶質積。

但是，30 = 2 × 3 × 5是三個質數的積，是奇數個質數相乘所得，它擁有奇數個質因數。這種正整數我們也姑且稱為「奇質積」（odder）。我們也把每個質數當成奇質積，因為我們認為它是由1個質數的乘積。而1是奇數，不是質數，因此11與29都是奇質積。不過在這裡，我們要把數字1定為偶質積，因為它牽涉到0個質數，而我們把0當作偶數。

現在把正整數分成兩組：奇質積與偶質積。下面列出從1到15，哪個是奇質積，哪個是偶質積。

1		偶質積
2	（質數）	奇質積
3	（質數）	奇質積
4	（2 × 2）	偶質積
5	（質數）	奇質積

6	(2×3)	偶質積
7	（質數）	奇質積
8	$(2 \times 2 \times 2)$	奇質積
9	(3×3)	偶質積
10	(2×5)	偶質積
11	（質數）	奇質積
12	$(2 \times 2 \times 3)$	奇質積
13	（質數）	奇質積
14	(2×7)	偶質積
15	(3×5)	偶質積

　　直到15，有8個奇質積，7個偶質積。假設奇質積的數目與偶質積的數目在比賽，我們可以說奇質積以8比7領先。一開始顯然是偶質積以1比0領先，因為1本身是個偶質積。但奇質積很快就趕上，到了3就以2比1領先。

　　接著，4是偶質積，得分變成2比2，雙方平手。然後5是奇質積，把分數拉成3比2。等到6出現，又是個偶質積，得分又追平成3比3。接著7出現，奇質積把比數又拉成4比3的領先局面。

　　這裡產生了一個疑問：除了一開始偶質積的個數領先之外，偶質積的數目會不會超過奇質積的個數？波利亞（G. Polya, 1887-1985）在1919年提出這個問題，並且檢查到1500，他發現偶質積的個數都沒有領先。萊曼（R. Lehman）檢查到1,000,000，情況維持不變。根據這個結果，我們或許會假設，偶質積的個數永遠不會領先，畢竟100萬不算是小數目。

　　令人驚奇的是，萊曼在1960年提出，如果一直繼續試驗下去，到了906,180,359，幾乎是10億，偶質積的個數會比奇質積多

1個。在1980年，田中（M. Tanaka）指出，領先的位置是發生在906,150,257。

因此進行一項測試到100萬，仍有可能得到錯誤的結論。當你瞭解到正整數會一直往前走，直到永遠，那麼第一個百萬或十億或甚至一兆，對所有正整數來說，都只算小意思。對無窮盡的正整數線而言，那只是看得見的前面一小段而已。

如果說「我們見過的任何整數、我們能寫出來得任何整數，就算它後面的0有1英里長，都算是小數目，」這應該是很保險的。正整數所涵蓋的數字領域「比它寬廣得多」，遠遠超出我們的經驗限制之外。即使電腦每秒鐘可以執行十億次以上的運算，也只是把整數的一小部分揭示出來給我們看而已。

再玩另一個質因數遊戲

現在，讓我們再來玩一個不一樣的個人遊戲。它是默滕斯（F. Mertens, 1840-1927）在1897年發明的。它使我們對小數目的敏感度有更戲劇性的效果。

有些數字是質數的乘積，但是它的質因數沒有一個會出現兩次。這種數字的另一個說法是，「它們沒有任何1以上的平方數因子。」下面舉四個這種數目的例子：2、15、165與858。

$$2 = 2$$
$$15 = 3 \times 5$$
$$165 = 3 \times 5 \times 11$$
$$858 = 2 \times 3 \times 11 \times 13$$

而其他數字，至少有一個質因數是重複的。數字4、45與27就屬於這一類，因為

$$4 = 2 \times 2$$

$$45 = 3 \times 3 \times 5$$
$$27 = 3 \times 3 \times 3$$

我們現在不要理會這種第二類的數字，只注意屬於第一類的正整數。它們每個數的因子分解中，每個質因數只會出現一次。我們稱這種數字為「S數」，這個S表示「特殊」（special）或「無平方因子」（square-free）的意思。我們把數字1也當做S數。以下列出的是從1到30的S數，包含它們的因子分解。

1	15 （3 × 5）
2 （質數）	17 （質數）
3 （質數）	19 （質數）
5 （質數）	21 （3 × 7）
6 （2 × 3）	22 （2 × 11）
7 （質數）	23 （質數）
10 （2 × 5）	26 （2 × 13）
11 （質數）	29 （質數）
13 （質數）	30 （2 × 3 × 5）
14 （2 × 7）	

為了建立對S數的感覺，讀者最好親自檢查這些數，再把它往後延伸下去。

S數可能是奇質積，也可能是偶質積。我們把它分別稱為「奇S積」或「偶S積」。現在這個遊戲牽涉到這兩種數字，但與第一個遊戲不同。

這次我們選個正整數，把它稱為n，因為找不到更好的名字。然後我們檢查：到這個n為止有多少個奇S積與多少個偶S積。最

後，我們再計算出這兩類數目的差。

　　爲了幫助讀者明白上面的敘述，我們就假設n是30，來做個檢驗。則到30爲止，奇S積是2、3、5、7、11、13、17、19、23、29與30，因此有11個奇S積。而小於30的偶S積有1、6、10、14、15、21、22與26，因此到30爲止有8個偶S積。

　　因爲奇S積是11個而偶S積是8個，在這個例子裡，它們的差數是11－8＝3，這個差很小，因此我們馬上想到，也許奇S積與偶S積數目大略相等。換句話說，我們預期奇S積與偶S積的個數不會相差太多。

　　默滕斯比較了奇S積與偶S積的差，以及n的平方根 $\sqrt{n}$（我在本章最後會指出爲什麼 $\sqrt{n}$ 在這兒非常重要）。舉例說，當n是30，則n的平方根約爲5.5。所以到30這個數目之前，奇S積與偶S積之間的差小於30的平方根，因爲3小於 $\sqrt{30}$。

　　當你把數字增加，不久你就會知道發生了什麼事。假設我們再選一個數65，讀者試著做幾分鐘的數學練習。你會發現有20個奇S積與20個偶S積。此時兩者的差是0，這也比 $\sqrt{65}$ 小，65的平方根約爲8.1。奇S積與偶S積的差，比數字的平方根小，在數字爲30時，及第二例的65時都成立。若你再往下走，比方說到了100，你應該會發現有30個奇S積及31個偶S積，它們的差是1，我們注意到這當然比100的平方根（10）要小。

　　在繼續計算到10,000之後，默滕斯推論說，「很可能」對所有的正整數，奇S積與偶S積的差小於該正整數的平方根。（他對奇S積或偶S積哪一種比較多並不感興趣，事實上這兩種數一直互相超越，沒完沒了的。）

　　這項結論一般稱爲「默滕斯推論」（Mertens conjecture），在本世紀激起大量的研究，爲了一項很重要的原因，我以後會提到。我

現在長話短說，說明一下數學家發現了什麼。

別以為正整數已經夠大了

首先你選個正整數 n（我們先選 30，再選 65 與 100），然後你找出奇 S 積個數與偶 S 積個數之間的差，這個差一定小於 n。我們用個比較簡單的符號 D(n) 代表這個差數，讀成「n 的差數」。我們看到 D(30) = 3，D(65) = 0，也提到 D(100) = 1。我們再用 ≦ 的符號代表「不大於」或者說「小於或等於」。這樣，默滕斯推論就可以簡寫成 $D(n) \leq \sqrt{n}$。

在這場遊戲裡，互相競爭的是 D(n) 與 $\sqrt{n}$，不是奇 S 積與偶 S 積。

從 1897 到 1913 年間，馮司特內克（L. von Sterneck）檢查到 5,000,000，發現默滕斯推論都是正確的。不僅如此，他還發現，對任何 200 以後、不超過 5,000,000 的正整數，D(n) 甚至小於 n 平方根的一半，也就是 $D(n) \leq 0.5\sqrt{n}$。因此馮司特內克很自然地聯想到，可能它對所有大於 200 的正整數都成立。

但是你現在可能已經有警覺，5,000,000 數字這麼小，馮司特內克的推論可能不對。

1979 年，柯亨（Henri Cohen）及德雷斯（Francuis Dress）計算所有小於 7,800,000,000 正整數的 D(n)，發現 n 是 7,725,038,629 時，D(n) 大於 n 的平方根之半。所以馮司特內克的推論是錯的。同時，這也是自從 n 大於 200 之後的第一個數字，D(n) 超過 $0.5\sqrt{n}$。但他們也發現，沒有違反默滕斯推論的例子。事實上在他們檢查過的數字裡，D(n) 沒有大過 $0.6\sqrt{n}$ 的。

不過，故事到了這裡可還沒完。儘管默滕斯推論在數字大到 7,725,038,629 仍然成立，大約是 80 億了，它最後還是錯的。

1984年，奧德里茲柯（A. M. Odlyzko）與特里迪爾（H. J. te Ridel）利用很多計算，綜合了很多理論，證明有一個無限大的數 n，它的 D(n) 會大於 $1.06\sqrt{n}$。但若你想看到一個讓默滕斯推論失敗的特定數字，很抱歉要令你失望。奧德里茲柯與特里迪爾說：「我們的證明是間接的，因此沒有產生一個特定的數字 n，使得 D(n) 大於 $\sqrt{n}$。事實上，我們懷疑一直到 10^{20} 或甚至 10^{30} 都不會出現一個違反默滕斯推論的數字。」如果他們的懷疑正確，則即使運用最快速的電腦，也無法在我們的有生之年，計算出不符合的數字。

數學領地的一座孤峰

但是，為什麼我們玩的這兩個遊戲不只是遊戲而已呢？因為如果波利亞推論或默滕斯推論是真的，那麼「黎曼假設」（Riemann hypothesis）就可以被證實了。

黎曼假設主張，在平面上，由微積分與複數協助定義的一些特殊點的無限集合，完全落在一條確定的線上。雖然黎曼在1859年就提出這個假設，但一直不能確定這個假設是對是錯。到目前為止，數學家已經檢查過15億個點，但我們已經知道，15億仍然是小數目。

黎曼假設非常重要，是因為它推論出數論裡很多的其他結果。例如，若它是真的，甚至可以給我們當 n 很大時，D(n) 大小的資料。默滕斯推論說 D(n) 小於 n 的平方根 $\sqrt{n}$。換句話說，他推論 D(n)／$\sqrt{n}$ 的商小於 1。黎曼假設則推論說，這個商成長得非常、非常慢，比 n 的任何次方都慢，甚至比 $n^{1/100}$ 還要慢（$n^{1/100}$ 是個正值，它自乘 100 次之後會得到 n）。反過來也成立，就是說，如果 D(n)／$\sqrt{n}$ 上升得很慢很慢，則黎曼假設就是真的。所以我們有關

奇S積與偶S積的遊戲，真的是很嚴肅的事情。但是沒有人知道當n增加時，$D(n) / \sqrt{n}$ 的商會變怎樣。

　　這個假設現在仍挑戰著我們，是所有數學裡最重要的課題。它像一座孤峰高高聳立，從沒有人攀登成功，當然有很多人在半路上苦苦掙扎。

　　你可能會想：「我看得出來這些事對數學家很有吸引力，我也覺得它們很有趣。但它對數學外面的世界有什麼重要性？」在第8章的一個事例已回答了這個問題。我在那裡說明了在數論裡談到的兩個大質數的乘積，數學家從來沒有想到它會有什麼實際用途。但你瞧瞧，它居然變成一組數碼的基礎，用來傳輸需要保密的資料。

　　波利亞與默滕斯推論的命運警告我們，應該視百萬、十億及一兆等數目為「小」數目。這些推論本身當然有其意義，但大家的關心主要還是因為它們和黎曼假設有關。

　　在我們這個能以紙、筆、計算機或電腦很舒適地處理的「小數目」世界之外，存在著無止境的整數世界，可能永遠保持神祕。在這個祕境裡探險，必須帶著對數學理論的深切瞭解。但有些地區也許永遠神祕難測，永遠無法到達。

第 16 章

汽車與兩隻山羊

幾年前，專欄作家沃斯沙溫特登出一則讀者提出的謎題：

假設你參加一個電視的現場猜謎節目，有三扇門給你選。其中一扇門後面是一輛新車，另外兩扇門後面各是一隻山羊。你選了其中一扇門，假設是1號。主持人知道門後面是什麼，因此，他打開一扇你沒選的門，假設是3號，裡面是一隻山羊。接著他問你：「你要改選2號門嗎？」問題是，改變選擇是否對你比較有利？

她在文章後面的答案與說明，引來大量的責難信件，全國各地都有博士寫信來，其中很多還是知名大學的教授。我引述一些信件的內容，但不說出寫信的人是誰，因為他們已經夠難堪的了。沃斯

沙溫特是對的，他們錯了。

「我非常憂慮一般大眾缺乏數學技巧而被妳誤導。請妳自己承認錯誤……」

「我很震驚有三個數學家說妳錯，妳還不自覺。」

「或許女人看待數學問題的方式和男人不同。」

　　我必須抗拒公布答案的誘惑，因為我這一章的目標是要說服讀者，你可以自己用數學方式來思考問題，甚至比一些數學家更清楚問題的本質。我只提供解決這問題的方法，這個方法可以應用於很多問題。我確定只要有一些指導，讀者一定可以自己解開謎題。

　　首先讓我們放慢腳步，先把這個問題仔細想想，把它弄得很清楚。也許你對那個現場猜謎的參加者有些建議：應該換或不換，或許換不換沒什麼差別。但在你形成自己的意見之前，我建議你先執行下面的實驗，它會讓你對這個問題有更深入的見解。

　　找三個完全一樣的容器，例如軟片盒，把一小張紙片（或任何當容器移動時不會發出聲音的東西）放入其中一個容器裡。這三個容器就代表電視裡的三扇門，這張紙片就代表汽車，而空容器則代表藏著山羊的門。下圖即代表本實驗用的器材。

　　你自己可以當電視節目的主持人，而讓朋友扮演上節目猜謎的

人。你先把容器的位置互相交換一陣子，不要讓你朋友看到裡面有什麼東西，再讓你的朋友選一個容器。（如果找不到有空的朋友，你也可以一個人兼飾兩角；只是你在選容器之前，也不能知道哪個容器裡有紙片。）

等你朋友選定了一個容器後，你就像電視節目主持人那樣，讓他先看餘下那兩個容器其中一個空的。但是，接下來你堅持叫你朋友更換選擇。記錄下來更換選擇的結果，看看是成功或失敗。做50次實驗，記在類似下面的記錄表裡。

改變選擇

成功	
失敗	

雖然實驗50次好像很多，但其實很快就結束了。接著統計出成功和失敗的總次數。

再來，同樣做50次實驗，但這次不讓你朋友改變選擇。你把成功和失敗的結果也記錄在類似下面的圖表裡。

不改變選擇

成功	
失敗	

做完這100次實驗之後，你認為怎樣？是不是這兩種策略會得到類似的結果？你認為換選擇或不換選擇哪個比較聰明？或者換不換沒關係？從你蒐集到的數據裡，能找到分析這個問題的方法嗎？

　　在實驗過程當中，最好你們別太認眞，別互不相讓，以免影響實驗的結果。

　　如果，在更仔細地思考這個問題之後，你仍然對答案沒把握，也還不準備解釋實驗結果，那你可以接著做下面的實驗。（要記住，只引用實驗的數據並不算是解釋。數據可能使你相信某件事是眞的，但並沒有解釋它。）

　　再加一個容器來做類似的實驗，用4個容器而非3個。同樣放一小張紙片在一個容器裡。當你朋友選定一個以後，你給他看剩下那三個容器的其中兩個空的。你朋友現在仍面對兩個容器的選擇。請執行和以前一樣的實驗，記錄結果。仔細思考你得到的結果。這些結果有什麼建議？你找到解釋整個問題的方法了嗎？

你一定可以自己解答問題

　　做這些實驗不但能給你一些線索，還能使你由日常生活的忙亂中冷靜下來，因此你能在一段時間之內，專心注意於一件事情上。

　　如果你還是看不出來怎麼解釋這個問題，那麼用十個容器做實驗。把紙片放在其中一個容器裡。當你朋友選定一個容器之後，你檢查一下剩下的九個，再把其中八個空容器給你朋友看，然後把這八個拿開。最後還是剩下兩個容器供他選擇。你再同樣進行「改變選擇」和「不改變選擇」的兩回合各50次實驗，並記錄結果。

　　我非常有信心讀者能自行解決這個問題。因此我沒有把答案寫在這本書的任何地方，也沒有以任何不顯眼的方式，偷偷印在哪裡。你若跟著我設計的實驗，計算改變選擇的成功率和不改變選擇的成功率，利用這些比率，你一定可以完全解開謎題。然後你就會相信，自己能以數學方式來思考問題。

第17章

兩數字之間的五種運算

　　有一天，當我和孫子傑生玩算術時，我問他：「3乘5是多少？」在經過一番思索之後，他回答「15」。「對，現在5乘3是多少？」他又開始胡亂地計算一番，最後又算出是15。他並不瞭解，5個3與3個5是一樣的。畢竟，數字的基本性質並沒有附著在我們的遺傳基因上，因此，可能值得重新審視一下我們數字系統的基礎。對於兩個數字之間，我們只有五種基本的運算，而且只有幾個基本原理。

　　首先，讓我們看看為什麼5×3會等於3×5。我們可以用小學所教的整數乘法的例子。「5乘3」意思是說，有五組東西每組有三件，正如次頁的圖1所示。

　　而「3乘5」要求我們以不同的方式來處理數字。現在是有三

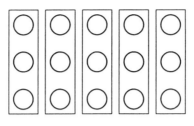

圖1

組東西，每組有五件，如圖2所示。爲什麼我孫子應該認爲這兩者之間有任何連繫？它們顯然不同呀。

但是當你把圖2中的圓圈像圖3那樣排列時，你就可以看出圖1和圖2之間的關聯性了。

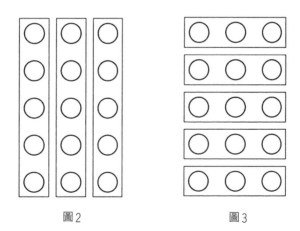

圖2　　　　　　　　　圖3

比較圖2和圖3，你就會知道爲什麼3×5等於5×3了。一個一打裝的蛋盒，也可以讓我們看出來，爲什麼兩個相乘的數字次序互換，結果一樣。如圖4所示，我們可以把一打蛋看成有兩組，每組六個蛋；或者是有六組，每組兩個蛋。

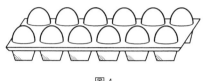

圖4

　　在某種方式上，蛋盒可說是一種實物說明，我們可以清楚地以兩種不同方式看待它。

　　那麼，3/5乘2/3又為什麼與2/3乘3/5相等呢？可沒有任何一個蛋盒能解釋這個等式了。但是如果你看到圖5，再想到求面積的乘法公式，答案就相當明白了。

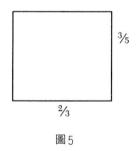

圖5

　　長方形的面積是兩個邊長的乘積，兩者的次序並不重要。因此，兩個數字的相乘積，與這兩個數字書寫的次序無關，這叫作乘法的「交換律」（commutative law）。以符號表示，就是a × b = b × a。

　　以上的式子對任何數字a與b都成立。由於我們習慣把字母之間的乘號省略，因此上式常寫成ab = ba。（但若省略兩個數字之間的乘號，會造成極大的錯誤。只要想一下，你把3 × 5寫成35會怎樣。）

怎樣幫小朋友背九九乘法表？

背九九乘法表的時候，交換律可以使工作量降低一半。只要我們知道 $6 \times 9 = 54$，我們就同時也知道 $9 \times 6 = 54$。因此不必死記81個值，只要記住45個值，它們是1到9的平方以及36個乘積。不過再扣除 1×1、1×2、⋯⋯ 1×9 實際上是不需要背的，因此只要記住36個乘積就夠了。

下圖就是學童需要背的乘法表。只背36個數字，看起來就不那麼困難了。不但如此，表上的值還有一種規律可以應用，使它變得更短。比方說，$6 \times 8 = 48$，比 $7 \times 7 = 49$ 小1，而 $5 \times 7 = 35$，也比 $6 \times 6 = 36$ 小1。這個方法告訴我們，相差2的數字相乘，比它們中間的數字的平方小1。如果你記得所有數目的平方的話，這種規律就能幫上你的忙了。

	2	3	4	5	6	7	8	9
2	4	6	8	10	12	14	16	18
3		9	12	15	18	21	24	27
4			16	20	24	28	32	36
5				25	30	35	40	45
6					36	42	48	54
7						49	56	63
8							64	72
9								81

不過本章的重點並不是在賣弄乘法表，而是要看看在兩個數目之間，可以有哪五種基本運算，以及這些運算的性質。把這些運算

放在一起討論，可以看出它們的重要性，以及不同運算之間的關係。小學六年裡，五種基本運算是分散傳授的，學生並不太容易有這種整體的感覺。

複習一下加法、減法

假如給你兩個數字a與b，你可以把它們相加、相減、相乘與相除，你將分別得到 $a+b$、$a-b$、ab 與 $a／b$。（如果b是0，那麼 $a／b$ 就沒有意義，我們在本章的稍後會再提到。）

這個 $a／b$ 的商也可以寫成 $\dfrac{a}{b}$

不過 $a \div b$ 這種寫法只殘存於小學和計算機中。我會先討論這四種運算，然後才談談第五種，基本上它是一種重複的乘法。

下面是加法的基本特性：

1. $a+b=b+a$ （交換律）
2. $a+(b+c)=(a+b)+c$ （結合律：associative law）
3. $0+a=a$
4. 對於每個數目a，存在一個數目，符號為 $-a$，使得 $a+(-a)=0$。$-a$ 稱為a的異號數（opposite）。舉例來說，-3 的異號數是3，而3的異號數是 -3。

結合律命名的由來，是加法中間的這個b，既可以與前面的a合在一起，也可以與後面的c合在一起。這個結合律讓我們可以把括弧去掉，簡單寫成 $a+b+c$。

減法只是加法的小兄弟。當我們問：「5－3是多少？」時，我們其實問的是「我們要加多少，會使3變成5？」換句話說，我

們只是想填上3＋□＝5這個加法式子裡的空格。

因為3＋2＝5，我們寫成5－3＝2。在我們付5元買值3元的東西時，店員找錢時常唸著「三」，然後把找的錢一面放在櫃檯上，一面數「四」、「五」，再把檯子上找的錢給你。這種做法，充分反映出減法其實就是由加法而來的。

但減法不像加法，它沒有那些加法有的可愛品質。它並不符合交換律（5－3並不等於3－5），也不遵守結合律，因為7－（4－2）並不等於（7－4）－2；第一式的答案是5，第二式的答案是1。在做減法的時候必須非常小心，它是一種很棘手的運算。

乘法與加法一樣美妙

第三種運算是乘法，它與加法一樣令人愉快。乘法的結果也符合一些與加法類似的規則。我已經提過第一種規則了。

1. $ab = ba$　（交換律）

2. $a(bc) = (ab)c$　（結合律）

3. $1a = a$

4. 任何一個不是0的數字a，必有一個以 $1/a$ 表示的數字，使得 $a \times 1/a = 1$。 $1/a$ 稱為a的倒數（reciprocal）。

注意，在乘法裡1所扮演的角色，與加法裡0所扮演的相似。0在加法裡「沒有效果」，1在乘法裡也「沒有效果」。

乘法與加法可以利用分配律（distributive law）聯接在一起：

$$a(b+c) = ab + ac$$

雖然這條定律看起來很簡單，它其實是相當複雜的，它包含三次乘法與兩次加法。如果我把它改寫成：

$$(b+c)a = ba + ca$$

看起來會比較有意義。這個式子似乎是說「b＋c隻狗與b隻狗加上c隻狗相等。」有個更優美地看待這個式子的方式，就是利用幾何圖形。假設有個長方形可以切割成兩個比較小的長方形，就像圖6。

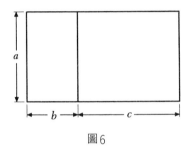

圖6

長方形的面積等於長乘寬，也就是a（b＋c）。但總面積也等於兩塊長方形的面積和，也就是ab＋ac。

分配律是聯合加法與乘法這兩種運算的最重要定律。全美國各地的代數課堂上，每天用錯這條定律的學生成千上百的。

除法是乘法的小兄弟

第四種運算是除法，它可說是乘法的小兄弟。當我們問：「8除以4是多少？」時，我們其實是在問：「4要乘多少才會成為8？」換句話說，我們是想填滿4×□＝8式子裡的空格。

因為4×2＝8，我們寫成8/4＝2。同樣的，因為4×1.75＝7，我們也寫成7/4＝1.75。

顯然7/4這個符號代表除法的結果，也稱為分數。這之間沒什麼問題，因為當7/4代表一個分數時，則4×（7/4）＝7這個式子也成立。因此，分數7/4的確等於7除以4的結果。

　　就像減法不遵守加法的定律一樣，除法也不遵守乘法的定律。例如，它當然不服從交換律，3/5 並不等於 5/3。除法唯一遵守的規則是，如果 a 不是 0，則 a／a ＝ 1。

　　任何數除以 0 都是無意義的，下面就是原因。如果要得到 4 除以 0 的結果，意思是說我們必須填妥 0 ×□＝ 4 這乘式的空格。但我們知道，0 乘以任何數都是 0，我們沒辦法在空格裡填上任何數字，使它變成 4。

　　你說，我們可以這樣寫下來，反正紙也不會反抗。但它就是毫無意義。就像我們寫「狗拉著小提琴」，並不會產生一隻音樂狗一樣。

　　符號 0/0 也是沒有意義的，但理由與上面的陳述不同。當 0 除以 0 時，我們其實是想填妥 0 ×□＝ 0 式子裡的空格。這件事非常簡單，例如 0 × 3 ＝ 0，0 ×（－ 7）＝ 0，0 ×（1/2）＝ 0。問題在於它太容易了，你可以在空格裡填入任何一個數字。因此，0/0 無法代表某一個特定的數字。如果你碰到這種結果，一定有什麼地方出錯。

指數是重複的乘法

　　四種運算方式我都介紹過了，在介紹第五種運算之前，讓我們再回憶一下乘法，至少是整數的乘法，乘法可以當成是重複的加法。例如 4 × 3，可以看成有 4 個 3 相加，為 3 ＋ 3 ＋ 3 ＋ 3。而第五種運算，至少就整數而言，可以看成是重複的乘法。

　　四個 3 相乘，3 × 3 × 3 × 3，稱為「三的四次方」。這種乘法的標準符號是 3^4。在這種表示法裡，3 稱為底（base）而 4 是指數（exponent）。你可以檢查一下，3^4 ＝ 81。若 b 是任何數而 n 是任何正整數，則 b^n 代表將 b 乘上 n 次：

$$b^n = b \times b \times b \times \cdots \times b$$

這裡 b 是底，n 是指數；b^n 稱為指數式。你可以算一下，$2^3 =$ 8。可以說成「二自乘三次是八」或「二的三次方是八」或「二的立方是八」。請注意，b^2 代表 $b \times b$，是 b 的平方，而 b^3 是 $b \times b \times$ b，等於 b 的立方。至於 b^1 則是 b 本身，因為不需要乘任何數目。

下表是 2^n 的幾個值：

n	1	2	3	4	5	6	7	8	9	10
2^n	2	4	8	16	32	64	128	256	512	1,024

注意 2^n 成長得多麼迅速。每次 n 增加 1，它的值就加倍。這種迅速的增加，稱為指數增長（exponential growth），正好可以說明近三個世紀以來，地球人口數目戲劇性的增加。這是指數的許多應用之一。

指數運算，也就是 b^n 的運算，可用於任何數目的 b 與正整數的 n，它有兩種很方便的特性，我稱它為「和律」（sum law）與「積律」（product law）。

和律說的事情是，假如你有兩個指數式，比如說二的三次方與二的四次方，若它們兩個乘起來，會得到二的七次方：$(2 \times 2 \times 2)$ $\times (2 \times 2 \times 2 \times 2) = 2 \times 2 \times 2 \times 2 \times 2 \times 2 \times 2$。寫成式子就是 2^3 $\times 2^4 = 2^{3+4} = 2^7$。（檢查一下，$2^3$ 是 8，2^4 是 16 而 2^7 是 128，而 $8 \times$ 16 = 128。）

和律是說，對任何數目 b 與任何正整數 m 與 n，則

$$b^{m+n} = b^m \times b^n$$

接下來介紹積律（在我介紹完指數運算的積律之後，對和律我還有很多事要介紹）。和律是處理指數相加的問題，積律則是用來

處理指數的乘法。

假設有這個數字$(2^3)^4$，它的意思是「二的三次方得到的值的四次方」，也就是$(2^3)^4 = 2^3 \times 2^3 \times 2^3 \times 2^3$。（我們不必知道它的值，但你可以驗算一下，它是4,096。）

但是每個$2^3 = 2 \times 2 \times 2$。因此，$(2^3)^4 = （2 \times 2 \times 2）\times（2 \times 2 \times 2）\times（2 \times 2 \times 2）\times（2 \times 2 \times 2）$。在這個等式的右邊，總共有四組數目相乘，每組有三個2相乘。換句話說，一共有4×3個2相乘。因為4×3與3×4相等，因此也可以說成有3×4個2相乘。換句話說，$(2^3)^4 = 2^{3 \times 4}$，也就是2^{12}。相同的推論使我們得到如下的積律：對任何數目的底b，以及任何正整數m與n，

$$b^{mn} = (b^m)^n$$

零次方是什麼意思？

截至目前為止，我們只對正整數n定義了2^n。但2^0應該是什麼意思？當然我們是主人，可以給這個符號任何我們想要的意義。但是，若能把它定義成對大家最方便的情況，不是更有意義嗎？幸運的是，對它最簡單的定義，正好也是對現實世界最有用的方法。

首先，讓我們試試在指數的和律仍然適用的情況下來定義它，看看即使不是正整數，是否也能應用。讓我們看看，和律能否告訴我們2^0應該是什麼。

當然，若單獨說「把2自乘0次」，是沒有意義的。但是若應用和律，問$0 + 1$之和的指數，而要求和律仍然適用，它就有意義了。這時候，我們要的是2^{0+1}，應該會等於$2^0 \times 2^1$。

簡單地說，我們要$2^{0+1} = 2^0 \times 2^1$。但是$0 + 1 = 1$，而2^1就是2。因此這個式子就變成$2 = 2^0 \times 2$。

這個式子告訴我們，2^0乘2必須等於2。只有一個數字做得到這一點，就是1。因此，當一個數的指數為0，而和律又想適用時，則2^0一定是1。我們別無選擇。基於相同的理由，我們知道對任何數目的底數b（不是0的底），b^0等於1。符號0^0有時也會用到，我們把它也定義成1。

現在我們再來看看指數是負數的情形。2^{-1}應該會是什麼？－1的基本性質是，當我們把它與1相加，會得到0，（－1）＋1＝0。若是在（－1）＋1＝0的情況下，要求指數運算的和律仍然成立，我們可寫成$2^{(-1)+1} = 2^{-1} \times 2^1$，或者是$2^0 = 2^{-1} \times 2^1$。

我們看看，這個式子會不會告訴我們，2^{-1}應該是多少。現在我們知道2^0是1，而2^1是2，因此$1 = 2^{-1} \times 2$。

只有一個數字乘上2之後會等於1，那就是1/2。因此，我們就定義2^{-1}是1/2，也就是0.5。

同樣的道理，對任何正數的底b，我們定義b^{-1}是b的倒數。舉例來說，$4^{-1} = 1/4 = 0.25$，而$(1/3)^{-1}$是1/3的倒數，也就是3。

那麼，b^{-2}又是什麼？－2的重要性質是加2會等於0。如果我們要求b^{m+n}會等於$b^m \times b^n$，即使m是－2也成立，那就必須使得$b^{(-2)+2} = b^{-2} \times b^2$。但是$b^{(-2)+2} = b^0$，也就是1。所以現在我們有$1 = b^{-2} \times b^2$。這使得$b^{-2}$非是$b^2$的倒數不可。例如，$5^{-2} = 1 \diagup 5^2 = 1/25 = 0.04$。

同樣的道理，當n是整數時，我們定義b^{-n}是b^n的倒數。

為了整理一下到目前為止談過的東西，我整理了一個表，列出2^n的值，將n從－5列到5。

n	−5	−4	−3	−2	−1	0	1	2	3	4	5
2^n	0.03125	0.0625	0.125	0.25	0.5	1	2	4	8	16	32

每次指數 n 增加 1，2^n 的值就加倍。或換個說法，每次指數減 1，2^n 的值就減少一半。這種做法，自動告訴了我們怎樣定義 2^0、2^{-1}、2^{-2} 等等。

此外，對一個正數的底 b 而言，$b^{1/2}$ 又是多少？這麼說吧，我們知道 1/2 有個性質，就是 1/2 + 1/2 = 1。如果我們希望指數運算的和律仍然成立，我們必須有 $b^{1/2} \times b^{1/2} = b^{1/2 + 1/2}$，因此 $b^{1/2} \times b^{1/2} = b^1 = b$。意思是說，$b^{1/2}$ 必須是 b 的平方根。（我們選擇正數的平方根，使整個指數式的值是正的。）例如，$25^{1/2}$ 一定是 5。另一個例子是 $2^{1/2}$ 等於 2 的平方根，大約是 1.414。

我利用指數運算的和律，來算出 $b^{1/2}$ 應該是多少。但你可能會質疑：「如果你利用積律，結果會怎樣？畢竟（1/2）× 2 = 1，這與（1/2）+（1/2）= 1 一樣的基本呀！」

就讓我們看看積律會告訴我們 $b^{1/2}$ 等於多少。如果答案不是 b 的平方根，那事情就變得一團糟了。

這就是算術的核心

一開始，我們假設當指數是 1/2 與 2 時，指數運算的積律還是成立，也就是說 $(b^{1/2})^2 = b^{(1/2) \times 2}$。這個式子等於 $(b^{1/2})^2 = b^1$。

因為 b^1 等於 b，我們看到（$b^{1/2}$）應該是 b 的平方根。好極了，這與和律告訴我們的一樣。

使我驚奇的是，不管是把一個數字平方或立方，或找出它的倒數，或求它的平方根，都只是指數運算的特殊情況。更令人驚訝的是，三角學居然可以變成是在研究兩個指數式的和或差。（大數學家歐拉的這項發現，是以微積分與複數為基礎。）

當指數是分數時，也可以進行指數運算。利用和律與積律，就會知道它的值應該是多少。例如，你可能喜歡推論一下，為什麼

$8^{1/3}$ 是 2。之後，你認為 $8^{2/3}$ 應該是多少？$16^{-1/2}$ 又是多少？如果你的計算機上有個指數鍵，你應該把自己的計算結果與計算機的答案比較一下。

　　我們把兩個數字之間可以進行的五種運算講完了。基本上，它們全是由加法衍生出來的，至少對整數而言是如此。首先，乘法是加法的重複；接著，指數運算是重複的乘法；除法與減法只是以不同的方式來看待乘法與加法而已。這些就是算術的最主要核心。

第18章

級數的總和

當你從1開始先加2/3，再加$(2/3)^2$，接著再加上$(2/3)^3$，再加上$(2/3)^4$，這樣一直接著加下去，每次都加（2/3）更高一次的乘方，永不停止，最後會怎樣？這個總和會變得很大嗎？它們會超過10嗎？會不會超過100？或是這些特定的總和永遠不會變得很大？

我在這一章將會指出這個總和其實還很小，甚至相當接近某個數字。在第19章，我們會討論銀行的事，那時再把本章的發現拿來應用。

本章的書寫方式，是要協助你練習閱讀數學語言。我自己將分飾讀者和作者兩個角色。當成讀者時，我指出自己的做法，以瞭解我讀到的是什麼，我把我的想法以楷書字體表示。

我現在要來讀數學，所以我把鉛筆、紙張和計算機準備好。我不會讓任何內容溜掉。

　　本章的目的是要指出，如果 r 是一個介於 1 與 − 1 之間的數目，也就是 − 1 < r < 1，那麼

$$1 + r + r^2 + r^3 + r^4 + \cdots = \frac{1}{1-r}$$

　　這式子中的三點表示，「以相同的方式，繼續加上更多項，例如 r^5、r^6、r^7、r^8、r^9、r^{10} 等等，一直加下去。」你加得更多，總和就愈接近 $1 / (1-r)$。$1, r, r^2, r^3, r^4, \cdots$ 這種級數稱為「幾何級數」（geometric series，或稱「等比級數」），這名字最少可以追溯到柏拉圖的時代。r 就稱為比率（ratio）。

他在說什麼呀？我要試試 r = 1/2，這是個介於 − 1 與 1 之間的數。看這傢伙的式子靈不靈：

$$1 + (1/2) + (1/2)^2 + (1/2)^3 + (1/2)^4 + \cdots$$
$$= 1 / (1 - (1/2))$$

讓我看看。我用自己的計算機試試：

$$1 + (1/2) = 1 + 0.5 = 1.5$$
$$1 + (1/2) + (1/2)^2 = 1.5 + 0.25 = 1.75$$
$$1 + (1/2) + (1/2)^2 + (1/2)^3 = 1.75 + 0.125 = 1.875$$

只用了四項，我就得到 1.875。他說我若一直加上去，會愈來愈接近 $1 / (1 - (1/2))$。那到底是多少？讓我算算：

$$1 / (1 - (1/2)) = 1 / (1/2) = 2$$

看起來 1.875 是蠻接近 2 的，也許他對。但是稍等一下。如果我繼續加下去，我的和會愈來愈大，所以它們有沒有可能會超過 2 呢？

我再加幾項看看怎樣，就再加四項吧。我再加

$$(1/2)^4 + (1/2)^5 + (1/2)^6 + (1/2)^7$$

也就是：

$$1/16 + 1/32 + 1/64 + 1/128$$
$$= 0.0625 + 0.03125 + 0.015625 + 0.0078125$$
$$= 0.1171875 \text{。}$$

把這個值加上我的 1.875，總和是 1.9921875。看起来，的確非常接近 2。沒有什麼跡象顯示總和會超過 2。不管怎麼樣，這傢伙有可能對。

不過稍等一下。他說過 r 也可以是負值。那不知道會怎樣？我試試 r = − 1/2 吧。

$$1 + (-1/2) + (-1/2)^2 + (-1/2)^3 + (-1/2)^4 + \cdots$$
$$= 1 \diagup (1 + (1/2))$$

也就是説，

$$1 - 1/2 + 1/4 - 1/8 + 1/16 + \cdots = 2/3$$

我試試看這合理嗎？使用六項試試：

$$1 - 1/2 + 1/4 - 1/8 + 1/16 - 1/32$$
$$= 1 - 0.5 + 0.25 - 0.125 + 0.0625 - 0.03125$$
$$= 0.65625$$

好，這真的很接近 2/3，也就是 0.666，因此他也許是對的。我還是不知道為什麼會這樣。他必須要説服我。

首先，只考慮 r 是正數的情形。則 r, r^2, r^3, r^4, … 的值會愈來愈小，一直向 0 縮小。舉例來說，當 r 是 0.9 時，r 的 50 次方大約只有 0.005。

這沒什麼奇怪的，我在計算時已經發現到這一點。

現在我們在數線上，分別標出 $0, 1, r, r^2, r^3, r^4, \cdots$，就像下圖：

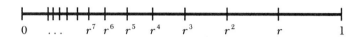

我不知道他這樣做有什麼用意，但這圖形似乎是正確的。當 r = 0.8 時，我自己畫的圖就像下面這樣：

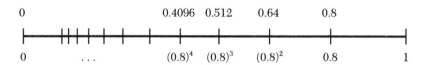

而當 r = 0.5 時，我畫的圖就像下面那樣。0.5 的次方看起來比 0.8 的次方更快接近 0。我現在倒想看看他接下來說什麼。

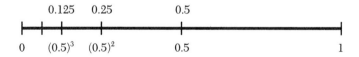

從 0 到 1 這條線段的長度是 1，現在被 $r, r^2, r^3, r^4, \cdots$ 切割成無窮盡的小線段，就像下圖。舉例來說，從 r 到 1 這最靠右邊的一段，長度就是（1 − r）。而第二段，由 r 到 r^2，長度是 $r - r^2$。接下來的線段長度是（$r^2 - r^3$），可以這樣依次類推下去。

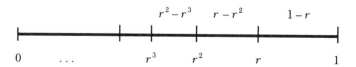

　　因為這些線段的總長度是1，所以把所有小線段加起來，應該是1。我們現在按照圖上的次序，把這些小線段加起來：

　　$\cdots + (r^2 - r^3) + (r - r^2) + (1 - r) = 1$

　　把這式子的寫法顛倒過來，就是：

　　$(1 - r) + (r - r^2) + (r^2 - r^3) + \cdots = 1$

　　但是式子裡的每一項，都有（1 − r）這個公因式。舉例來說，$r - r^2 = (1 - r)r$，而 $r^2 - r^3 = (1 - r)r^2$。把公因式（1 − r）提出來，我們可以得到：

　　$(1 - r)(1 + r + r^2 + r^3 + \cdots) = 1$

　　兩邊都用（1 − r）來除，因為 1 − r 不會是0，我們會得到：

　　$1 + r + r^2 + r^3 + \cdots = \dfrac{1}{1 - r}$

　　就像我們在一開始說的。

真聰明，他只不過畫了個圖，答案就忽然跑出來。但他還是沒有抓到重點。在這個例子裡，他其實不必畫圖，事情比他說的還簡單。我從（1 − r）+（r − r²）+（r² − r³）+…= 1這式子開始，就看穿了這事情像水晶一樣透明。你看，所有括弧裡的末項都與下一個括弧裡的前項自動抵消掉了，− r 與 r 互相抵消，− r² 與 r² 也一樣，以此類推。

　　剩下來的只有第一項，1，沒有東西可以與它抵消。因此式子的左邊只剩下1。

　　這傢伙只需要直接寫出（1 − r）+（r − r²）+（r² − r³）+…= 1這式子，提出公因式（1 − r），再把等式的兩邊各除上（1 − r），就完成了，根本不必畫那個數線圖嘛。

　　我的證明比他的還更好，因為即使r是負數，我的證明也能成

立。他的數線圖在負數就不行了。可憐的傢伙，他在這一點上可沒站得住腳。

我懷疑，如果我們只加幾項會怎麼樣？比如說，有沒有簡短的公式可以處理 $1+r+r^2+r^3+r^4$？

有的。若以我的方法，我會寫成：

$$(1-r)+(r-r^2)+(r^2-r^3)+(r^3-r^4)+(r^4-r^5)$$

所有的其他項全都互相抵消，只剩下 1 與 r^5。所以我得到：

$$(1-r)+(r-r^2)+(r^2-r^3)+(r^3-r^4)+(r^4-r^5)$$
$$=1-r^5$$

我們同樣用前面的方法，把式子兩邊各除上（$1-r$），就得到：

$$1+r+r^2+r^3+r^4=(1-r^5)／(1-r)$$

因此，它的一般式很清楚：對於任何正整數 r，

$$1+r+r^2+r^3+\cdots+r^k=\frac{1-r^{k+1}}{1-r}$$

真奇怪他怎麼沒有先這麼做？或許這只是個人的風格。

其實這不只是所謂的個人風格。我是要讓一些習慣於幾何式思考的人，在推論時自在些。事實上，現在有幾何與代數兩種推理方式可用，相信任何讀者都覺得很自在。還有個更簡單的幾何方法，讀者若有興趣，可直接翻閱第 32 章。

幾何級數有什麼用途？

現在，我們有一個可以求出幾何級數和的簡短公式了。接著我們就會談到幾何級數的應用。我在本章一開始已經提到，我在下一章會提到幾何級數的用法。在第 28 章，我們也需要用它來度量曲線的斜率。在第 30 章，它是一種工具，可以算出曲線下的面積。

最後在第31章裡，它可以幫助我們看出，圓周與所有奇數正整數的倒數有關。幾何級數還有很多其他的用途，從計算藥品的服用量到計算退休給付的成本。

為什麼他不在開始的時候就告訴我這些事？那我會更認真地研究。我喜歡知道自己學的東西有什麼用。算了，晚知道總比不知道好。另外，為什麼一個圓會與所有的奇數正整數有牽連？

　　我在這裡還有一件事要說。我不要讀者以為，當你無限制地加一些愈來愈近於0的正數時，它們的總和永遠小於某個固定的數。

　　在十四世紀，法國數學家奧雷斯美（Nicholas Oresme）想到一個問題：如果他把正整數的倒數一直相加下去，會有什麼結果？即1/1, 1/2, 1/3, 1/4, 1/5, 1/6, …。這種級數稱為「調合級數」（harmonic series）。它的前幾項的和是：

1/1 = 1.000

1/1 + 1/2 = 1.500

1/1 + 1/2 + 1/3 = 1.833

　　當我第一次碰到這串數字時，我稍微計算了一下，接著與別人打賭，它們的和不會超過13。但我輸了。奧雷斯美指出，它的和可以大過任何一個數。以下的兩個圖說明了他的推論。

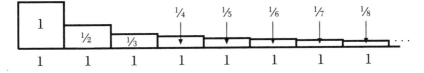

　　假設有一排無窮盡的長方形，寬度都是1，而高度是正整數的倒數。因此由左至右，先是最大的面積1，再來是第二大的面積

1/2，第三個面積是 1/3，依此類推。我們要知道的是，無限多個這種長方形加起來，面積是有限的或無限的。為了證明它是無限的，我們利用另外一串長方形，這一串可以放進上面那一串裡面。

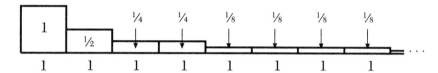

這一串長方形有一個面積是 1 的正方形，有一個面積是 1/2 的長方形，有兩個面積為 1/4 的長方形，有四個面積是 1/8 的長方形，有八個面積為 1/16 的長方形，十六個面積為 1/32 的長方形，依此類推。因此它的總面積為 1 ＋ 1/2 ＋ 2/4 ＋ 4/8 ＋ 8/16 ＋ 16/32 ＋ …，也就是 1 ＋ 1/2 ＋ 1/2 ＋ 1/2 ＋ 1/2 ＋ 1/2 ＋…。

加上愈來愈多的 1/2，可以使總和超過任何數目。因此這第二串長方形的面積和是無限的。而它又比第一串長方形的面積小，那麼第一串長方形的面積和當然也是無限的。也就是，正整數的倒數和是無限大。說到這裡，我們真應該感謝幾何級數的和是有限的。

那麼，下面這個又如何？

$$\frac{1}{1 \times 2} + \frac{1}{2 \times 3} + \frac{1}{3 \times 4} + \frac{1}{4 \times 5} + \frac{1}{5 \times 6} + \cdots?$$

當項數愈來愈多時，它的總和是愈來愈大呢？還是愈來愈接近某個數目？我把它留給讀者去試試。

總之，並沒有一種簡單的例行方法，可以決定一連串的正數相加是有限或無限的。這使得我們可以有許多挑戰，也讓數學變得活潑而迷人。

第19章

錢憑空而來

　　我時常在想錢是從哪裡來的。畢竟我們國家成立之初，錢並不多，但現在竟有數以兆計的錢。

　　我決定找出真相，因此去請教經濟學教授。他們的答案很詭異，我覺得他們好像故意拉住我的腿不想讓我前進。因此，我改變策略去翻看經濟學的教科書，發現它和教授說的一模一樣。當然，一個政府要生產錢，最明顯的方法就是印鈔票和鑄造錢幣。但是還有其他的方法可以製造財富，而且這個方法最投我所好，就是與幾何級數糾合在一起。它與銀行有關。

　　銀行似乎可以從無中生有，變出錢來，但絕非變魔術。這種方法比偽造錢幣好很多，理由有二：銀行完全不必自己去印鈔票，而且完全合法。它主要是依靠人們對未來的信心。

下面就是銀行的運作方式。

每一家銀行都要準備一些現款，以便應付日常提款者的需求。這些現金都放在銀行的金庫裡。假如所有的存款人都擔心銀行要破產了，一窩蜂地跑來要求提領存款，就造成所謂的擠兌。在這種情況下，銀行可能無法滿足所有提款人的需求。這時銀行就很難支撐，而存款人會更加恐慌。但這種恐慌很少出現，通常銀行都有足夠的存款準備，可以應付一般提款人的需求。

不過總有些時候，所有的人都對將來失去信心，會同時要求把存在銀行裡的錢提出來。這時候銀行體系會解體，造成經濟大恐慌。在1930年代的美國經濟大蕭條期間，的確發生過這種事。因此在1933年的三月間，聯邦政府曾下令銀行公休，使得銀行有暫時停止付款的藉口。幾星期之後，有償款能力的銀行開始恢復營業，人民對金融體系的信心才逐漸恢復。

幸運的是，通常一般人對銀行都很有信心，總是相信自己隨時能把存款提出。為了協助維持這種印象，銀行家的穿著都很保守，而銀行的建築也很古典，通常都是大理石地板、大理石牆壁以及圓型石柱，儘量模仿古希臘的神殿，以進一步加深可靠的形象。其實，銀行的建築若設計得像拉斯維加斯的賭場，會更直截了當，不過這會破壞銀行的形象。

銀行把玩的魔術

美國聯邦準備銀行要求各銀行，保留存款的固定比例做準備金，其餘的錢銀行可以借出去。為了計算方便，我們假設必須保留存款的20％，即1/5，剩下的80％，就是4/5可以出借。仔細看看發生了什麼事。這部分本來我也難以置信，直到印成書我才相信。

假設布洛走進信心銀行，存1,000元。銀行保留了200元，將

其餘的800元（1,000元的4/5）借給杜爾。杜爾又把這800元存進信心銀行或另一家銀行。銀行保留了800元的20%，又把剩下的640元（800元的4/5）借給愛麗絲。

魔術表演已經開始了。布洛認為自己有1,000元，杜爾自認有800元，而愛麗絲自認有640元。在開始的時候，本來只有布洛的1,000元，現在總數變成1,000元＋800元＋640元＝2,440元，憑空多出許多錢來。這是很高明的手法。而且銀行不但創造出一些錢來，還可以用它來收利息。顯然，開銀行是一種很不錯的生意。

現在，愛麗絲存入她的640元。銀行又把512元（640元的4/5）借給李納斯。李納斯接著512元，讓信心銀行有409.6元（512元的4/5）可以借給馬德琳，依此類推。如果事情一直這樣存入、借出、存入、借出地交替推演下去，到最後會有多少錢？從最初這1,000元，可能創造出無限多的財富來嗎？我們看看。

開始時，存款是1,000元；接著是800元，是1,000元的4/5；其次是640元，也是800元的4/5，也就是：

$4/5 \times 4/5 \times 1,000 = (4/5)^2 \times 1,000 = 640$

再來是512元，是640元的4/5，也就是：

$4/5 \times 4/5 \times 4/5 \times 1,000 = (4/5)^3 \times 1,000 = 512$

每一步驟，借出錢的數目就是上一步驟借出數目的4/5。因此

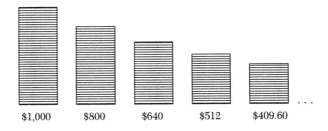

銀行借出款項的總數，是個無窮級數的和：

1,000＋(4/5)×1,000＋$(4/5)^2$×1,000＋$(4/5)^3$×1,000＋$(4/5)^4$×1,000＋…

我們要知道的是，錢幣的總和是有限的還是無限的？如果它是有限的，又是多少？我們提出每項的公因數1,000，則得到：

1,000〔1＋4/5＋$(4/5)^2$＋$(4/5)^3$＋…〕

在括弧裡的總和是個幾何級數，我們在第18章已經討論過了。它的和是1／（1－4/5）＝1／（1/5）＝5。

也就是說，布洛、杜爾、愛麗絲、李納斯、馬德琳等人，以及以後的人會認為他們總共有1,000元×5＝5,000元。經濟學家稱此5倍為「乘數」（multiplier）。這個乘數與必須保留的存款準備率有關。簡單地說，乘數是存款準備率的倒數。

開始時只要有1,000元的存款，長期就會有5,000元。但至少信心銀行不可能由1,000元變出無限多錢來，這是可以確定的。它只能從帽子裡，憑空變出4,000元來。

某些讀者或許會認為我是在諷刺。「畢竟，銀行無論借出什麼東西，都要歸還，而且還要加利息。」貸款確實是要還的，因此銀行變出來的錢，比我說的還多。我建議任何不相信的人，去參考任何一本中級的經濟學課本。

你用代數，也行得通

還有個方法可以看出1,000元怎麼變成5,000元，而不必利用到幾何級數。不過我們必須假設錢的總數是固定的。這是個很大的假設。當我們使用幾何級數的時候，不必做這種假設。

假設錢的總數是T，由於它是固定的，因此我們可以做些算術或代數的運算。（我們已經知道這筆錢的總數是5,000元，但我們

假裝還不知道。）T是由最初的1,000元存款,以及後面交替的借借存存的錢所構成的。我們把1,000元以後增生的錢稱為次生款。每筆次生存款都是原先存款的4/5。下圖就代表這種情形。

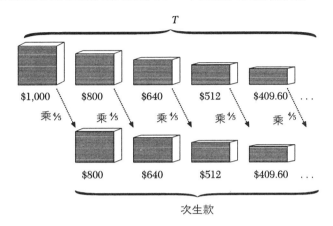

次生款

你會發現,所有次生存款的總和等於(4/5)T。而總錢數T是原先的1,000元加上所有的次生存款(4/5)T。換句話說,

$$T = 1,000 + 4/5\ T$$

剩下來就是解這個方程式的問題。

為了消除分母,我們把方程式的兩邊都乘上5,就得到:

$$5\ T = 5,000 + 4\ T$$

再將兩邊各減4 T,我們就得到:

$$T = 5,000$$

我們等於是間接把所有存款數目都加起來,而且知道總數是5,000元。也就是說,我們發現:

$$1 + 4/5 + (4/5)^2 + (4/5)^3 + (4/5)^4 + \cdots = 5$$

換句話說,信心銀行教我們一個算幾何級數總和的新方法,這個方法就像憑空變出錢來一樣的神奇。這個方法不僅適用於4/5,

也適用於任何介於0與1之間的數目r。不過要記住，在這個做法之中，我們要事先假設T是個固定的數。

　　現在你可能會想到一個問題：「爲什麼我不能開銀行賺錢？」

第20章

對於分數應該知道的事

　　我小女兒蘇珊娜念小學五年級的時候，她的老師別的科目雖然教得很好，但顯然不喜歡教數學。數學課的時間常被挪用做其他事情，有時候好幾天都沒上一次數學。我到學校拜訪老師，建議讓我定期到學校協助數學課的教學，這當然大受歡迎。

　　讓我很驚訝的是，教室裡居然沒有任何實際的東西，可以對學生說明分數的意義。沒有量杯，沒有直尺，什麼都沒有。學習過程非常抽象，就像在研究所裡教代數的拓樸學似的。除了幾個切割成幾等分的圓形圖片之外，學生根本沒有什麼東西可以看。理想狀況下，教室裡應該有很多相關的小道具。不過我想，我至少可以從做個數線與分數拼板開始。

　　為了要做一條數線，我找了一條6英寸寬、10英尺長的紙，在

上面畫一條長線，在中央做個記號，標上0，在0右邊約2英尺的地方標上1，然後在這條線上標出一些重要的整數與分數。完成後的數線看起來就像圖1。

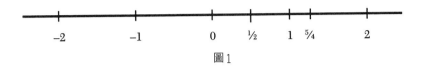

圖1

你可以標出一些分母是5以下的分數在上面，也可以標一些分子、分母都很大的分數，例如230/95與231/95，讓學生瞭解它們多麼靠近。當這條數線掛在牆上時，不論在家裡或在學校，孩子們會看到一些事，如：

1/2 = 2/4 = 3/6，以及

1 = 2/2 = 3/3 = 4/4 = 5/5 = 6/6。

這些式子說明了一個分數的重要核心觀念：不同的分數可能有相同的值。

我把負數也畫在數線上，是想說明數線會向左右延伸，可以兩邊進行。

注意，分數不一定會比1小，雖然在日常生活中，分數總是小於1。在學校裡，像7/5這種分數會比1大，我們稱它為假分數（improper），意指這種分數有一些瑕疵。我並不想把它改變成一種混合的分數形式 1 + 2/5，寫成 $1\frac{2}{5}$，這是帶分數（mixed fraction）。當你做分數的乘法運算時，純分數會方便得多。例如7/5乘上8/3會比 $1\frac{2}{5} \times 2\frac{2}{3}$ 容易，以後你會更明白。

分數拼板

分數拼板也很容易做，我就做了一個，讓學生可以觸摸，又能

移來移去。我用一塊標示紙板，剪一條1英寸寬、12英寸長的紙條，上面標著1當成基本單位。然後我用不同顏色的紙板，裁兩條1英寸寬、6英寸長的，每塊標著1/2。同樣的，我裁出三條4英寸長的紙板，標著1/3，以及四條3英寸長的紙板，標好1/4。我也做出所有12以下的分母的紙板。一些比較複雜的分母如5和7，比那些簡單分母，如6、8和12困難得多，但我模擬得還蠻不錯的。我把所有紙板拼在一起，再用個框框裝起來，如圖2。

1											
1/2						1/2					
1/3				1/3				1/3			
1/4			1/4			1/4			1/4		
1/5		1/5		1/5		1/5		1/5			
1/6		1/6		1/6		1/6		1/6		1/6	
1/7	1/7		1/7		1/7		1/7		1/7		1/7
1/8	1/8	1/8		1/8		1/8	1/8		1/8		1/8
1/9	1/9	1/9	1/9	1/9		1/9	1/9	1/9		1/9	
1/10	1/10	1/10	1/10	1/10	1/10	1/10	1/10	1/10	1/10		
1/11	1/11	1/11	1/11	1/11	1/11	1/11	1/11	1/11	1/11	1/11	
1/12	1/12	1/12	1/12	1/12	1/12	1/12	1/12	1/12	1/12	1/12	1/12

圖2

　　如果我時間多些，我會要求學生自己做拼板。市面上也買得到類似的分數拼板，不過分母小些。

　　把分數拼板排在桌上之後，我問學生下列這些問題：「哪個大，1/2或1/3？」「哪個大，2/3或1/2？」「哪個大，2/4或3/6？」「哪個大，5/8或2/3？」

　　學生可以觀察桌上的拼板並移動它們。我下一個問題就不那麼簡單了：「哪個比較大，5/7或7/10？」

　　這兩個值很接近，如圖3。

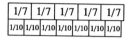

圖3

　　學生怎麼知道自己的答案是對的？方法之一是利用計算機，把每個分數轉變成小數。但是對於初學分數的學生，應該不瞭解計算機上的小數顯示。（至少在美國是這樣，因為美國並不是使用公制度量長度的國家。）舉例來說，0.35是分數35/100的簡寫。

　　有個比較簡單的比較方法，就是使用「等分數」（equivalent fraction），也就是相等的分數。為了介紹這個觀念，我要求學生，「利用分數拼板，你能找出所有與1/2相等的分數嗎？把它們排出來。」

　　學生排出1/2 = 2/4 = 3/6 = 4/8 = 5/10 = 6/12。

　　圖4就是利用分數拼板排出來的圖樣。

　　等分數描述的，是數線上的同一點，以數學的方式來說，它們

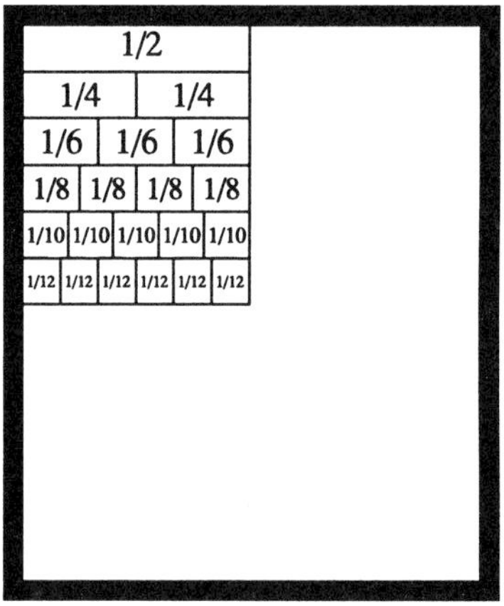

圖4

是相同「有理數」（rational number）的不同名字。所謂有理數是指一種分數形式，它的分子和分母都是整數。在特殊例子裡，每個正整數都是一個分數：例如說，13可以寫成13/1這種分數。（第21章會有這樣一個問題：「所有的數字都可以說是分數嗎？」）

有理數就是分數

在日常生活裡，我們並不使用「有理數」這個名詞。我們只說「分數」。也就是說，我們用分數來形容這種數目，它可以用分子與分母的形式表示，而分子與分母都是整數。因此分數這個名詞有雙重的意義，但用起來並不困難。

學生也找出一些等於1或等於2/3的分數。因此我覺得可以開始教他們這個重要的原理了：用同一個數字分別乘分子與分母，則分數的值並不會改變。有了這個觀念，我們就很容易比較5/7與7/10。

把這兩個分數重寫成相同的分母。最簡單的分母就是7乘上10，即70。我們得到：

$5/7 = （5 \times 10）／（7 \times 10）= 50/70$

而 $7/10 = （7 \times 7）／（10 \times 7）= 49/70$。

現在，很容易就可看出5/7大於7/10，因為50大於49。

分數拼板在分數的加法上也很有幫助，例如找出3/7 ＋ 2/7。因為它們的分母相同，所以很簡單，只要把分子相加就行了（三隻狗加上兩隻狗是五隻狗），它的和是5/7。

但是要求1/2 ＋ 1/3的和就沒那麼快了。通常我們會有一股衝動，「把分子加分子，而分母加分母」，會得到2/5。但是2/5不可能對，因為它小於1/2，而1/2是兩個加數之一。

這時候，學生可能會找出兩塊分數的拼板，把它們接起來，就

像圖5那樣。

1/2	1/3

圖5

接著學生移動這條連接在一起的紙板，和拼板裡的其他長度比較，直到找到相同的長度，如圖6。

1/2			1/3	
1/6	1/6	1/6	1/6	1/6

圖6

由此可看出，1/2 + 1/3 的和是 5/6。像這樣經過幾次練習之後，學生可能會發現，兩個分數相加比較簡單的做法，是把分數改寫成分母相同的分數。（如果學生沒有注意到這個規則，我就會講出來。）不必利用分數拼板，我們就可以得到 1/2 + 1/3 = 3/6 + 2/6 = 5/6。

公分母

很明顯的，在比較兩個分數，或兩個以上的分數相加時，公分母（common denominator）是主要關鍵。我不會擔心要尋找出最小公分母。沒有必要這麼優雅或節約。有個很簡單的方法可以自動找出公分母：只要把兩個分母相乘就可以了。不必非要把生活弄得太麻煩吧。

現在我要算出 5/6 + 3/4。

我把6乘4，得到24。因此，

$5/6 = (5 \times 4) / (6 \times 4) = 20/24$

而 3/4 ＝（3×6）／（4×6）＝18/24。

結果就是 5/6＋3/4 ＝ 20/24＋18/24 ＝ 38/24。

我承認38/24並沒有約分（reduced），但有什麼關係呢？如果有必要，我也可以把它約分。任何人都會知道38/24可以約分成19/12。最後，如果有人不習慣假分數，還可以把它寫成 $1\frac{7}{12}$。

當然在這個加法裡，我也可以用12當公分母。但這麼做需要想得深一點。而在做算術的時候，我喜歡一切行動都是自動的，不是哲學式的。

減法也與加法類似，比如：

5/6－3/4 ＝ 20/24－18/24 ＝ 2/24。

分數的乘法更簡單

分數的乘法與除法又如何？很奇怪，它們反而比加法與減法更簡單。在乘、除的時候不必改變分母。

要怎麼解釋分數的乘法？我會提醒學生，2×3代表「兩倍的三」。接著我會從下面這些問題開始：「1/2的1/2是多少？」「1/3的1/3是多少？」「1/3的1/2是多少？」

這些問題都可以用分數拼板來幫忙回答。在多做幾個類似的問題之後，老師就可以說明通則了：兩個分子為1的分數相乘，會得到一個新的分數，分子是1而分母是兩個分母的乘積。

接著我會問：「那3/5的1/2是多少？」

學生已經知道 1/2×1/5 ＝ 1/10，而1/2×3/5有上面的三倍大，因此1/2×3/5 ＝ 3/10。

接著學生會發現7/2×3/5，因為它是七倍的1/2×3/5，因此7/2×3/5 ＝ 7×3/10 ＝ 21/10。

在經過更多的類似練習之後，學生或我就可以說出通則：兩個分數相乘時，分子乘分子，分母乘分母。

正如我們所見，兩個分數的相乘相當簡單。不幸的是，很多學生在做分數的加法時，常會把分子與分子相加，再把分母與分母加起來。我們已經知道，分數的加法可比這個麻煩。為了讓學生知道他們的直覺做法不對，你只要讓他們算全世界最簡單的分數和1/2＋1/2就行了。

他們會得到2/4，也就是1/2。但是一半加一半可不會是一半。他們立刻恍然大悟。

除法也很容易

除了加法、減法與乘法之外，再來就是分數的除法。瞭解除法的關鍵，在於知道它只是分數乘法的另一種性質。我會用一個例子來介紹這種性質。例如：9/2 × 2/9 是多少？由分數乘法的規則（分子乘分子，分母乘分母），我們知道9/2 × 2/9 ＝ 18/18 ＝ 1。

同樣的，1/4 × 4/1 ＝ 4/4 ＝ 1。

這個式子只是在說「四的四分之一是一」，這在數線上也是有意義的。讓學生繼續練習過幾個類似的例子之後，就出現另一個基本原理：分數與另一個分子、分母顛倒的分數相乘，結果是1。

在討論分數的除法之前，我想用一點時間回顧一下整數的除法。當我們說「6除以2是3」時，我們是什麼意思？我們是在問：「2乘上多少是6？」換句話說，我們是問下面式子裡的空格是什麼：2×□＝6，也就是說「2的3倍會是6。」

因此，7/10除以2/9是多少？以數線或分數拼板來看，這是在問：「2/9的多少倍會變成7/10？」從圖7可以看出來，這個問題的答案大約是三倍多。因此，7/10除以2/9，大約在3與4之間。

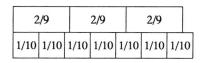

圖7

在我們計算出確實的答案時，這可以用來檢驗我們的答案對不對。

我們等於要填 2/9 × □ = 7/10 式子裡的空格。要得到空格裡的數字，就必須消除在空格前面的2/9。為了這個目的，我們在公式的兩邊各乘上9/2，亦即：9/2 × 2/9 × □ = 7/10 × 9/2。

但是9/2 × 2/9 = 1，因此，我們得到 1 × □ = 7/10 × 9/2。由於1乘任何數目都是那個數目，因此 □ = 7/10 × 9/2。

這告訴我們，當7/10除以2/9時，我們可以把2/9上下顛倒，再與7/10相乘，即7/10 × 9/2，就得到答案：

7/10 × 9/2 = 63/20

由於63/20是3加3/20，就是比3多一些，這與我們在問題開始之前的拼板觀察符合。

我覺得奇怪的是，分數的除法比分數的加法簡單。一旦我們明白，爲何「將分子、分母顛倒，然後相乘」的意義，就不太需要用頭腦了，只剩下機械式的操作。

如果我們會整數的加法、減法與乘法，那麼分數的加、減、乘、除運算也不難。分數的加法與減法的關鍵，是把分數變成有相同的公分母。分數的運算，其實只有兩個原理必須瞭解：第一個原理是分數的分子與分母同乘一個數，分數的值不變；第二個是分數與另一個分子、分母顛倒的分數相乘，會是1。

這是分數全部的算術。看起來並不難，沒什麼好大驚小怪的。

第21章

每個數都是分數嗎？

　　要把人造衛星放入環繞地球的軌道，它的速率大約要每小時17,717英里。但若要使一個物體永遠脫離地球進入外太空旅行，發射速率最小要是每小時25,055英里以上。這兩個數目的比值，25,055/17,717大約是1.414。這個值大約是物體脫離速率／軌道速率的比率。物理學家應用微積分，已經計算出實際的比率是$\sqrt{2}$，也就是2的平方根。而且這個值適用於所有天體的運行，包括月亮與其他行星。

　　但1.414並不是2的平方根，因為1.414的平方是1.999396。很靠近，但並不是。事實上，因為1.414的最後一位數字是4，它平方數的最後一位數字一定是6。因此由數字本身，我們就已知道1.414的平方一定不會是2。同樣的理由，我們可以推論出，沒有

一個固定位數的小數，會是 2 的平方根。不可能有個這種小數，乘自己之後最左邊的個位數是 2，小數點後面的所有位數全是 0。

$\sqrt{2}$ 是什麼玩意兒？

那麼，若 $\sqrt{2}$ 不是一個有固定位數的小數，它究竟是什麼樣的怪物？它可能是個分數嗎？也就是一種可以用 m／n 來表示的數，而 m 與 n 都是正整數？這種數我們稱為有理數，但習慣上稱它為分數。（更一般的說法是，若任何可以寫成 m／n 形式的數，m 是整數而 n 是正整數，則此數為有理數。）

我們要問的是，是否有一組正整數 m 與 n，沒有比 1 大的公因數，而使 $\sqrt{2}$ ＝ m／n？

現在，$\sqrt{2}$ 的性質是，它的平方是 2。這是我們僅有的線索。因此，我們得到 (m／n)^2 ＝ 2，也就是 m^2／n^2 ＝ 2。

為了簡化問題，我們把分母消除。我們在這個式子的兩端乘上 n^2，可以得到 m^2 ＝ 2n^2。

從此，我們不必再考慮平方根與分數了，我們已經把問題簡化成整數與它們的乘法了。本來我們問的是，$\sqrt{2}$ 的平方根是個分數嗎？」現在我們改問：「一個正整數平方的兩倍會是另一個正整數的平方嗎？」聽起來這兩個問題好像不太一樣，但其實它們問的是同一件事。

為了讓大家體會一下這個新問題，我們要進行一些試驗。1^2 的兩倍是個平方值嗎？不，它是 2。2^2 的兩倍呢？是 8，也不是平方值，它與平方值只差一點點，9 是個平方值。不過在我們的問題裡，差之毫釐卻失之千里。你可以再試幾個例子。比如說，5^2 的兩倍是 50，與平方值 49 也只差 1。但正如我們在第 15 章裡提過的，即使試驗了幾百萬個數字，也不能解決問題，除非真的找到一個

數，它平方的兩倍也是個平方值。

幸運的是，古希臘的數學家已經清楚地為我們證明了，並沒有這樣的平方值。他們的推論用到了正整數的奇數與偶數的特性。我們看看他們是怎麼推論的。

奇數正整數的最後一位是 1, 3, 5, 7, 9 之中的一個，因此它的平方數，最後一位必定是在 1, 5, 9 之中的一個。這你可以自己檢查一下。因此，奇數的平方一定是奇數。換句話說，如果一個正整數的平方是偶數，這個正整數本身一定是偶數。

我們有這句話就夠了。如果有人告訴你，「我想到一個正整數，它的平方是偶數。」你可以回答：「那個數本身一定是偶數。」

現在，假設 m 與 n 是正整數，彼此除了 1 之外，沒有公因數，而且 $m^2 = 2n^2$。就如我們早先所提的。

因為 $2n^2$ 有 2 這個因數，所以它是個偶數。（實際上，偶數的定義就是它有 2 這個因數。）我們由此得知 m^2 是個偶數，因此 m 是個偶數。也就是說，有這麼個正整數 q，使得 m = 2q。

因此 $m^2 = 2n^2$ 這個式子可以寫成 $(2q)^2 = 2n^2$，也就是 $4q^2 = 2n^2$。把式子兩邊的 2 消掉，式子會變成 $2q^2 = n^2$。這式子說明了 n^2 是個偶數，因此 n 也是偶數。

現在，我們得到 m 與 n 都是偶數，因此它們有公因數 2，但這與我們原先的假設不合。我們假設 m 與 n 除了 1 之外，沒有其他公因數。這項矛盾一定是出自我們的假設有問題。但我們最源頭的唯一假設是「$\sqrt{2}$ 是個有理數」，因此我們被迫承認 $\sqrt{2}$ 不是有理數，不能寫成分子分母皆為正整數的分數形式。

$\sqrt{2}$ 不是有理數並不影響火箭的發射。物理學家與天文學家可以依自己需要的精確小數位數來運用。例如對所有實用的目的來

說，1.414214應該就夠用了。這個小數是1,414,214／1,000,000分數的僞裝。

「有理數」與「無理數」盤根錯節

不屬於有理數的數目統稱爲「無理數」（irrational）。而有理數與無理數都屬於「實數」（real number）。

我們一旦有了一個無理數，例如$\sqrt{2}$，就可以製造出無限多個無理數。例如，（$7\sqrt{2}$）／3也是個無理數。因爲我們若假設它是有理數，則一定有正整數m與n，使得（$7\sqrt{2}$）／3＝m／n。

把式子的兩邊各乘上3/7，可以得到$\sqrt{2}$＝3m／7n。因爲3m與7n都是有理數，我們就使2的平方根成爲一個有理數。但這是錯的，因此我們假設「（$7\sqrt{2}$）／3是有理數」是不對的，它是個無理數。對於任何有理數r來說，只要不是0，則r$\sqrt{2}$必定是無理數。

相同的推論指出，在任何兩個有理數之間，無論它們彼此靠得多近，必定有無限多個有理數存在。（在此暫停一下，請想清楚爲什麼會這樣。）而既然我們可以選擇任兩個非常接近的有理數r，那麼不同的r$\sqrt{2}$彼此之間的距離也會同樣接近。因此，在兩個靠得很近的無理數之間，事實上也同樣有無限多個無理數。有理數與無理數交雜著填塞在數線上，彼此很緊密、複雜地糾結在一起。

即使有這麼多的無理數，我們在日常生活當中卻從未碰到過它們。東西的價格永遠是有理數，例如9.37元是937/100。木匠在度量鋸齒的距離時，如$2\frac{31}{64}$，也是個有理數，就是159/64。平均打擊率當然是有理數，它是打出安打的次數除以上場打擊的次數。

一直到大約西元前500年，數學家都以爲所有的數字均爲有理數。後來希臘的數學家才推論出無理數的存在。

　　希臘人對有理數與無理數的想法，與我們大不相同。對他們而言，數學是幾何式的，他們看待數字的方式，是把數字當成一個線段的長度。他們的基本觀念是「用一條線段去度量另一條線段」。

　　一條線段AB可度量另外一條線段CD。圖1就是線段AB可度量線段CD的例子，三段AB正好與CD一樣長。

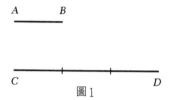

圖1

　　在度量CD的時候，我們可以在上面放置一些很短的線段。例如，線段的長度只有CD的百萬分之一。這種線段也可度量CD，因為一百萬條這種線段可以擺在CD上而正好一樣長。

　　現在，假設有兩條線段，分別是CD與EF，如圖2所示。是不是一定有條線段AB，或許很短很短，可同時度量CD與EF？直到西元前500年，所有的數學家都認為有這種可共同度量的線段存在。

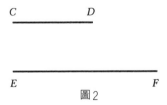

圖2

　　現在我們把這種幾何觀念轉換成數字的運算。假設線段AB的長度是r，而CD的長度是a，在什麼情況下，線段AB可度量線段

CD 呢？答案是，有個正整數 m，使得 mr ＝ a。在此情況下，m 段的 AB 正好可以擺在 CD 上而長度相等。在圖 3 裡，m ＝ 6。

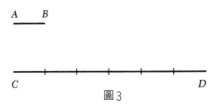

圖 3

現在假設有兩條線段，一條長度是 a，而另一條的長度是 b。在什麼情況下，a 與 b 會有一條可以共同度量它們的線段呢？若這條共同度量線段的長度是 r，則一定會有兩個正整數 m 與 n，使得 a ＝ mr 而 b ＝ nr。

因此我們得到 a ／ b ＝ mr ／ nr ＝ m ／ n。

即使 a 與 b 可能是很麻煩的數字，或許是無理數，若它們有共同的度量線段，則它們的比值一定可以表示成 m ／ n，而 m 與 n 都是正整數。換句話說，若兩線段的長度是 a 與 b，而它們又有共同度量線段，則 a ／ b 一定是有理數。舉例來說，若 a ＝ $10\sqrt{2}$，b ＝ $23\sqrt{2}$，則這兩個條線段有共同度量線段 $\sqrt{2}$。而 a ／ b 為 10/23，的確是個有理數。

一定有可共同度量的線段嗎？

現在我們把這種論證用在圖 4（見次頁）的直角三角形裡，比較斜邊與其中另一邊的長度。

按照畢達哥拉斯定理（我們將在第 22 章討論），$c^2 ＝ 1^2 ＋ 1^2 ＝ 2$，因此 c ＝ $\sqrt{2}$，則斜邊與另外一邊的比值是 $\sqrt{2}$ ／ 1 ＝ $\sqrt{2}$，並不是有理數。所以這兩條線段應該沒有共同度量線段。

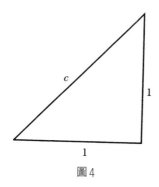

圖4

　　如果兩條線段長度的比值是個有理數，情況會怎麼樣？意思眞的是它們會有共同度量的線段嗎？讓我們試試看。

　　有兩線段的長度爲 a 與 b，而假設 a ／ b 是個有理數，那麼就有兩個正整數 m 與 n，使得 a ／ b ＝ m ／ n。

　　在式子兩邊乘上 bn，使分母消除掉，可得 an ＝ bm。

　　我們再把式子兩端除上 mn，就得到 a ／ m ＝ b ／ n。

　　這個式子告訴我們什麼呢？它說：「如果你把線段 a 切成相等的 m 段，把線段 b 切成相等的 n 段，那麼所有的小線段長度相等。」我們把這條小線段稱爲共同度量線段，長度是 r。於是我們有了一條長度爲 r 的小線段，可共同度量線段 a 與 b，因此 a 與 b 有共同度量線段。

　　我們這樣繞來繞去，意思是想說明希臘人所謂的「有共同度量線段」，和我們說的「線段長度的比值是有理數」，其實指的是同一件事。

　　在幾何學裡，經常出現沒有共同度量的線段。下面再舉個例子，這是幾何學家查克林（G. D. Chakerian）提醒我的。首先，像

圖5那樣，畫個正方形。

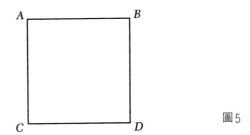

圖5

接著在緊貼著它的邊上，畫個長方形。但不是隨便畫個任意的長方形，而是靠著BD邊上，畫個窄長方形BEFD，使得BEFD的形狀和長方形AEFC相似。就如圖6所示。

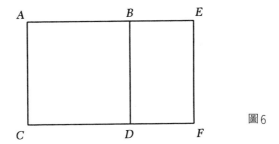

圖6

長方形BEFD和長方形AEFC比例一樣，只是轉了90度而已，它是大長方形AEFC的一個縮小比例的圖形。

只用圖形，不必用到任何算術，我們就可以推論出線段AC與AE沒有共同度量線段。

但一開始，我們先假設AC與AE有共同度量線段，長度為r。由於AC＝AB，所以r也可以度量AB，情況如圖7。

因此，r也可以度量BE。而AC與EF長度相同，因此r亦可以

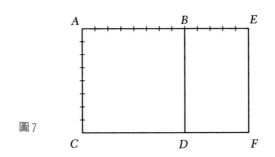

圖7

度量 EF。r 對小的長方形 BEFD 的長短兩邊也都是可以度量的。但是 BEFD 與我們開始的長方形 AEFC 是相似的。因此我們可以繼續下去，這次我們由長方形 BEFD 開始。

在長方形 BEFD 裡畫一個正方形 BEGH。就會在 BEFD 裡面剩下一個小的長方形 HGFD，如圖8所示。這個小長方形不但與 BEFD 相似，也與我們最初開始的長方形 AEFC 相似。

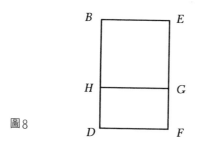

圖8

因為 BE 與 EG 相等，因此 r 可以度量 EG；同樣的，也可以度量 FG。注意，r 當然也可以度量 DF。因此對小長方形 HGFD 而言，r 對它的長短兩邊都是可度量的。

這項推論可以一直持續下去，產生愈來愈小的長方形，而它們的邊長都是用 r 來度量的。但這是不可能的，因為最後，長方形

的邊長愈來愈短，會短於線段r。

　　因此r其實不可能度量這個小長方形的長短兩邊。這表示我們最先假設的，圖6長方形的AC與AE兩邊有共同度量線段的想法是錯的，它們其實沒有共同的度量線段。所以，此長方形長短兩個邊長的比值，不管是什麼，一定是個無理數。（使用代數學，你可以知道這種長方形的長、寬比率是（ $1 + \sqrt{5}$ ）／2，就是我們在第6章碰過面的老朋友「黃金比率」，常在很多數學的其他領域突然蹦了出來。

相容必能共享？

　　1761年，數學家蘭伯特（J. H. Lambert, 1728-1777）證明出 π 是個無理數。亦即表示一個圓的直徑與圓周之間，沒有共同度量的線段。換句話說，你永遠找不到這樣一個圓，它的圓周與直徑以英寸或公分來表示都是正整數。

　　檢驗下面這段陳述，是一種很有趣的練習，這段陳述聽起來好像是具有共同度量線段的相反情形：「若存在一條線段c，使得a可度量c而b亦可度量c，我們稱這兩條線段a與b是相容的（compatible）。」如果兩線段有共同度量線段，它們也必定是相容的嗎？如果它們是相容的，它們一定有共同度量線段嗎？

　　本章裡，我們探索了一些有理數與無理數之間的對比情形。在第26章，我們會探討以下這個問題，「無理數是否正好與有理數一樣多？」乍看之下，會覺得這個問題有點奇怪，因為這兩類數字的數量都是無限多。但是問題的答案卻出乎意料之外，而推論所用到的觀念，卻是我們在幼稚園或小學一年級經常碰到的，只是牽連更深奧而已。

第22章

直角三角形的三邊

　　釘板是一種很方便的裝置，利用一塊夾板和一些釘子就可以做成，它可以用來討探多邊形的面積問題。做個釘板並不難，先裁一塊邊長為14英寸、厚度為半英寸的正方形夾板，每邊先留出半英寸的空間，然後每隔1英寸畫個點。最後找一些2英寸的釘子，每個點上釘一根釘子就行了。圖1是一塊釘板的透視與頂視圖。

　　要釘196根釘子也許不太好玩，但這種尺寸的釘板才夠大，可以做很多不同的實驗。因為邊緣到第一排釘子的距離是其他釘子之間距離的一半，因此你可以把幾塊釘板排在一起，構成更大面積的釘板。把橡皮筋掛在釘子上，你可以構成各種形狀與面積的多邊形。

　　若沒有釘板，你可以在一張紙上畫一排空間相等的點，然後在

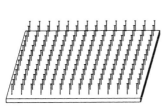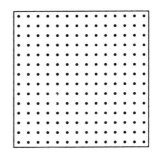

圖1

這些點之間畫直線，構成多邊形。但在每次實驗之後，你必須把點之間的線擦掉，或重新用一張紙再畫一些新的點。

現在假設你在釘板上構成一個多邊形，如圖2所示。

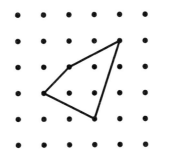

圖2

要找出這種多邊形的面積，首先要畫一個包圍著它的長方形或正方形。然後把多邊形與外面的方形之間，分割成許多個長方形或三角形，以每枝釘子為頂點，如次頁的圖3所示。

因為長方形的體積是長乘寬，而三角形的體積則是底乘高的一半。因此，多邊形外面的面積很容易計算。如果你求出外圍方形的面積，再減去多邊形外面的面積，就會得到多邊形本身的面積。計算的過程就像這樣：

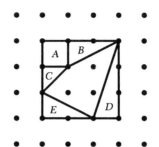

圖3

A的面積＝1×1＝1

B的面積＝（1/2）×1×2＝1

C的面積＝（1/2）×1×1＝1/2

D的面積＝（1/2）×1×3＝3/2

E的面積＝（1/2）×1×2＝1

外圍方形的面積＝3×3＝9

因此，多邊形的面積為9－（1＋1＋1/2＋3/2＋1）＝9－5＝4（平方英寸）。

我必須承認，這是個求面積的間接方法。如果能在面積的內部做分割，切成方形與三角形會更自然。你們可以這樣試試看，但我做不到。

畢氏定理

在計算過一些不同多邊形的面積之後，你可能已經準備好要進行導出著名的畢氏定理的實驗了。畢氏定理是有關直角三角形三邊之間長度關係的定理。

一開始，用橡皮筋做出一個1乘2的直角三角形。再用一些橡皮筋，沿直角三角形的斜邊做個正方形。這條斜邊（hypotenuse）

名稱是由希臘字 *hupo*（處於）與 *tenien*（拉伸）合成的，也是直角三角形的最長邊。幾何圖形如圖4所示。

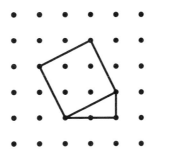

圖4

　　若你做過實驗，一定會發現總有兩根釘子可以讓你沿著斜邊做一個正方形。再來我們求正方形的面積，你可以沿著正方形外沿再做個正方形，就像圖5那樣。

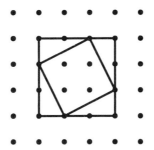

圖5

　　因為外框方形的面積是9，我們要減去四個三角形的面積，每個三角形的面積都是1。因此由斜邊構成的方形面積就是 $9 - 4 = 5$（平方英寸）。在這個例子裡，你也可以從正方形的內部去分割，求出正方形的面積。不過這樣的例子可不常見。

　　接下來，你可以在釘板上任意做些其他的直角三角形，再進行類似的計算。我們總共計算了八種不同的小型直角三角形之後，得到下面的數據：

三角形的第一股	1	1	1	1	2	2	2	3
三角形的第二股	1	2	3	4	3	4	5	4
斜邊上的正方形面積	2	5	10	17	13	20	29	25

　　你有沒有注意到斜邊上的正方形面積，和第一股與第二股的長度有什麼關係？如果沒有看出來，你可以再試驗更多的三角形。（不要先看下面的文字。如果這是數學課本，我肯定不會把它印出來。你應當自己試試看。）

　　這項規則就是：「斜邊所構成的正方形面積，等於兩個數目的平方和：即第一股的長度乘上自身，加上第二股的長度乘上自身。」這就是畢達哥拉斯定理（Pythagorean theorem），簡稱畢氏定理。我以一半幾何、一半數值的方法陳述了這個定理──正方形是幾何，而數字本身的自乘再相加則是數值計算。這也是實驗過程呈現出來的自然結果。

　　若完全以幾何方式來陳述畢氏定理，我們可以沿直角三角形的兩股再畫出正方形，如圖6所示。

　　現在，畢氏定理的陳述變成：「直角三角形斜邊上正方形的面積，等於兩股上正方形面積的和。」如果以圖6中所標示的長度 a、b 與 c 來表示，則是

$$c^2 = a^2 + b^2$$

　　這就是一般人比較習慣的畢氏定理形式。

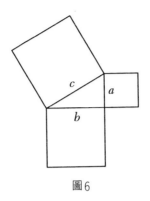

圖6

中國數學家的簡潔證明

在釘板上做的這些實驗，就能證明所有的直角三角形都遵守畢氏定理嗎？並不盡然。但是有個很簡單的推論卻可以說明為什麼它永遠成立。其中最簡單的證明方法甚至用不著半個字。這是中國數學家在至少一千年前發明的，它也印證了一句古老的諺語：好的圖畫勝過千言萬語。

中國數學家用兩種方式來分割一個正方形，如圖7。其中的八個直角三角形是全等的。

凝視這兩個圖一陣子，慢慢來不要急，讓圖形對你說話，也許

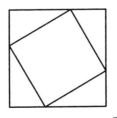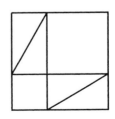

圖7

需要幾分鐘。不必寫任何東西，也不必做任何計算，只需要比較一下正方形的面積就行了。你會看到左邊傾斜的正方形的面積，等於右邊兩個較小的正方形的面積之和。這就是畢氏定理的證明。為了進一步說明這個定理，我們就來驗算一下兩股都是1的直角三角形，它的斜邊有多長。把斜邊長定為C，我們得到 $1^2 + 1^2 = C^2$。

從這裡，可以得到 $C^2 = 2$，因此 C 是 2 的平方根，也就是大約等於 1.414。

畢氏定理真正的發現史，和數學史的許多部分一樣，仍然撲朔迷離。跡象顯示，比畢達哥拉斯早一千年的巴比倫數學家，已經知道這個定理。他們可能證明過它，或者只是由經驗推導出類似的結果。例如在一塊出土的泥板上有個直角三角形，它的兩股分別標著 30，而斜邊是 $42 + (25/60) + (35/60^2)$。他們用的是六十進制而不是十進制。

如果你暫停一下，把斜邊的長度改成小數點的形式，並且與畢氏定理的斜邊長度比較一下，會發現兩個數值幾乎一樣。另外還有一個表，列出很多直角三角形的三個邊長，其中有個直角三角形，兩股的長度分別是 2,400 與 1,679，而斜邊則是 2,929。

傳統上，大家認為活躍於西元前大約 500 年的畢達哥拉斯是第一個證明這個定理的人。在大約寫於西元前 300 年的歐幾里得的《幾何原本》中，我們的確看到這個定理與證明過程。不過斯維茲（F. J. Swetz）與高氏（J. I. Kao）卻在兩人合著的《畢達哥拉斯是中國人嗎？》一書中，提出一些證據，認為中國數學家在畢氏之前一千年，可能已經證明過這個定理。

畢氏定理用途多多

每天都有成千的工程師、科學家、數學家、木匠和學生在應用

畢氏定理。我們在第31章裡還會提到這個定理，那是當我們利用所有奇數正整數的倒數在求圓周率（π）的時候。

但這項定理有個更實際的用途。當我想回答下面這個問題時，非用到畢氏定理不可：「當你站在沙斯塔（shasta）山頂，最遠可以看多遠？」假定地球的半徑約有4,000英里，而沙斯塔山的高度約為3英里，我用圖8來代表我們知道的一些數據。

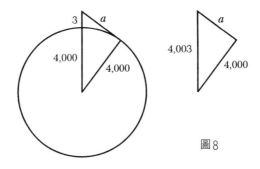

圖8

我們想求的距離以a來代表，它是直角三角形的一股（線段a是圓的切線，與圖中的半徑垂直。）這個三角形的斜邊長為4,003英里，而另一股的長度為4,000英里。

依據畢氏定理，我們得到 $a^2 + 4,000^2 = 4,003^2$。

因此， $a^2 + 16,000,000 = 16,024,009$。

我們可算出 $a^2 = 24,009$，

因此， $a = \sqrt{24,009} \doteqdot 155$（英里）。

簡單地說，你最遠可以看大約155英里。同樣的方法可以算出若你站在海邊100英尺高的峭壁上向海眺望，可以看多遠。

讓我用幾個類似的問題，來結束有關畢氏定理的討論。首先，你的眼睛比地面高5英尺，你在地球表面可以看多遠？我們還是假

設地球表面是個平滑的球體。

　　如果你爬上一個梯子，現在你的眼睛離地表有10英尺，你是否可以看遠一倍？像前面的例題一樣，畢氏定理可以幫助你回答這個問題。

第23章

圓周率只是個小玩意？

　　有句很流行的教學名言：「不要對學生說些什麼，讓他們自己發現、自己學習。」這句話聽起來相當動人。但是當老師或父母準備讓學生自己進行實驗，自己發現原理時，最好有些心理準備，以免受驚。我想舉個自己教學生做幾何實驗的例子。

　　一個圓的圓周長度比起圓的直徑，大約有三倍多。以比較專業的說法，「圓周與直徑的比率，大約是三倍多一點。」這個比率稱為圓周率，符號是 π ，以小數表示大約等於3.14，分數則大約是22/7。

　　學校裡要怎麼教這個圓周率呢？1989年，佛里（S. Frye）任全美數學教師委員會主席時，曾建議利用各種不同大小的瓶蓋來教圓周率。學生可以量瓶蓋的直徑與圓周，求出比率並記錄在黑板

上。紀錄表可以分成三欄，標明「直徑」、「圓周」與「比率」。她認為當全班同學完成度量之後，他們會發現在第三欄的數字大約是3.14，而且對於不同大小的瓶蓋，數字都是一樣的。

這個方法聽起來很合理，好像也沒有其他更好的辦法了。事實上，我在幾年前也曾經用過，我會解釋一下發生了什麼事。

我有個孩子念小學六年級的時候，學校希望我能去班上看看，並談談數學問題。我決定和學生討論一下 π 的值。這個題目似乎很理想，它讓學生有機會進行實驗並且分析數據。除此之外，教學時間可長可短，比較容易控制。

當然我也可以跳過實驗過程，直接把結果告訴他們，說所有的圓不管大小如何，圓周與直徑的比率都是一樣的，若以小數來看，比值大約是3.14。但如果我這麼做，學生很快就會忘記我教他們的東西了。

在我到學校訪問的前一天，老師要求學生第二天上課時，帶一些圓形的物體到學校來。所以我進教室時，發現有各種各樣尺寸的圓形物體，小從瓶蓋、大到腳踏車的輪子。開始的時候，我要求他們用直尺量圓的直徑。但在量圓周時就碰到困難了。我教他們用紙帶沿圓周貼一圈，然後取下紙帶，用直尺來度量，也可以用捲尺直接度量。

接著我在黑板前面，像個祕書似的，把學生蒐集到的數據抄上去。看起來就像次頁的表：

（單單為了把英寸的分數轉換成小數，就費了很大的勁。真可惜，美國不是用公制來量長度。）

我問大家：「你們發現到什麼嗎？」

「圓愈大，圓周愈大。」

「還有呢？」

物體	直徑 （英寸）	圓周 （英寸）	比率
茶杯墊	6.2	19.8	3.2
垃圾桶蓋	20.5	63.5	3.1
破籃子	9.3	29	3.1
腳踏車輪	28	88.8	3.2
瓶蓋	2.4	7.2	3.0

「圓周率的值從3到3.2。」

「你們認為這該怎麼解釋？」

大家鴉雀無聲。

這可不是我期望的結果。我希望他們說的是，若不算度量的誤差，所有的比率是相等的。但他們沒有，我該怎麼辦呢？這時教室裡的氣氛很肅殺，就像個屠宰場似的。幸運的是，下課鈴在這個時候響了起來，我總算逃過一劫。若我有機會再回去給他們上一堂後續課程，我一定會要他們量得更精確些。

怎樣才會量得更精確？

你可能會好奇，「如果學生在做過更精確的度量之後，仍然沒有發現所有圓的圓周與直徑比率都是一樣的，那怎麼辦？」在這種情況下，他們已經有足夠的第一手經驗，可以消化我提供的訊息。因此我會告訴他們，如果他們能度量得很完美，則不管圓的大小如何，他們會得到相同的圓周率。而這個數字是個無窮小數，開頭的幾位數是3.14159。

但是當我聽到佛里建議老師用瓶蓋來做實驗時，我非常驚訝。瓶蓋這麼小，最不容易精確度量。我猜，要不是她能給學生很特別

的度量器具，像螺旋測徑器之類的，就是她從來沒有在教室裡真正面對學生教過這堂課。

事實上，學生很難度量得更精確了。就算在很大的圓上，使用很精確的度量儀器，也很難得到 π 值的第三位及第四位小數值。那我們能不能得到 π 的小數點後面第十位的值呢？顯然必須有個方法，讓我們可以突破度量上的限制，不論是用瓶蓋、花盆、盤子或腳踏車輪。

即使不做任何實驗，我們仍然可以談論圓周對直徑的比率。下圖是個直徑為D的圓，一個邊長為D、包圍著圓的大正方形，以及一個頂住圓內、斜擺的小正方形。

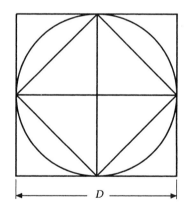

大正方形的周長是4D，因此圓周長應該比4D小。所以 π 應該會小於4。

接著我們計算一下斜擺的小正方形的周長，以便找出 π 的下限值。我們稱這個邊長為S，如次頁的圖所示。

現在S是個直角三角形的斜邊，而直角三角形的兩股都是D／2。由畢氏定理得知，

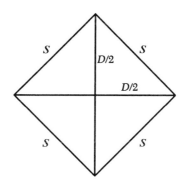

$$S^2 = (D / 2)^2 + (D / 2)^2$$

亦即，$S = D / \sqrt{2}$。而 4S 就是小正方形的周長，也就是 4D $/ \sqrt{2}$，大約是 2.2828D。因此 π 比 2.828 大。

我們現在知道 π 是介於 2.828 與 4 之間。如果你用六邊形來代替正方形，內外包圍住圓，我們會發現內部的六邊形周長是 3D，而外面六邊形的周長是 $2\sqrt{3}$ D，大約是 3.464D。因此可以把 π 值縮小到介於 3 與 3.464 之間。

但我們怎麼樣更精確地找出 π 值呢？

阿基米德用兩個正 96 邊形分別放在圓的內外，經過很複雜的計算之後，他發現 π 介於 25,344 / 8,069 與 29,376 / 9,347 之間，算到小數第四位時，這是 3.1409 與 3.1428。在提出這種奇怪的分數之後，阿基米德說 π 是介於 $3\frac{10}{71}$ 與 $3\frac{1}{7}$ 之間。這個 π 值已經夠精確了，而且我們可以看出 π 不是很常見的分數。

π 的小數值怎麼背？

事實上，π 根本不是個分數，更遑論常不常見了。1761 年，蘭伯特已經證明過這一點。你可能會想，「好，如果 π 不是分數，

不是有理數，最少我想知道它的小數形式看起來是什麼樣子，它是什麼？」

考慮一下這個問題牽涉到什麼。小數系統是依十進制而來的，每個位數都代表十的乘方。為什麼用十進制？可能因為我們最早是用十根手指頭來算東西。我們寫247時，其實是把下式簡單表示出來的：$(2 \times 10^2) + (4 \times 10) + 7$。同樣的，3.14其實是 $3 + (1/10) + (4/10^2)$。

因此，前面那個問題相當於，「一個圓與我兩隻手上的手指頭，有什麼關係？」問題改成這樣子，我們會很好奇這兩者之間難道真的有什麼很適當的關連？也就是說，真的有很好的公式可以把 π 的小數值表示出來嗎？

π 的小數值，開始的幾位是3.14159265358979…要想記住它六位小數的值，可以利用這句英文：「How I wish I could recollect pi?」，意思是「我怎麼可能記得住 π？」。這句英文每個英文字的字母數目，就是 π 的前六位小數值。如果你需要 π 的十位小數值，試試這句英文：「How I wish I could recollect pi easily using one trick?」，意思是「我怎麼可能只用一種手法很簡單就記住 π？」方法同前。

計算 π 值的公式

1989年，格雷高利（Gregory）與哥倫比亞大學的丘德諾夫斯基（David Chudnovsky）將 π 的位數求到超過十億位。這項看起來很詭異的行為有兩個理由，一個是實際的，一個是理論的。

首先，這種大量的計算可以測試一部電腦的運算功能，並找出程式設計上沒有注意到的瑕疵，即抓出程式裡的蟲蟲（bug）。其次，這些資料有助於解答一個老問題，「π 的數字是隨機的嗎？」

隨機（random）的意思是指，長遠來看，0到9這十個數字每一個出現的機會是相等的，都大約是十分之一。同樣的，每兩個數字相連，出現的機會也大約是相等的，約爲百分之一；再來每三個數字，四個數字相連……依此類推。由 π 的前十億多個小數位數看來，數字的確是隨機的。但由這些數字，我們還是不能完全相信它眞的是隨機的。（請回想一下第15章的敎訓，由有限的數據得到錯誤結論的例子。）

怎麼可能計算 π 到小數點以下這麼多位呢？當然不是利用愈來愈多的多邊形來度量，而是數學家發展出一個公式來計算 π。公式之一是 π ＝ 4（1 － 1/3 ＋ 1/5 － 1/7 ＋ 1/9 …）。

我們在第31章會說明這個公式爲什麼成立。它把一個圓與所有的奇數正整數都連接起來。你用的項數愈多，你與 π 的值就愈接近。如果你只用三項，估算出來的 π 值（求到小數點後第三位）是 4（1 － 1/3 ＋ 1/5）≒ 3.467。如果用四項，會得到 4（1 － 1/3 ＋ 1/5 － 1/7）≒ 2.895。

想要加深對這個估算公式的瞭解，你可以再多算幾項。你會注意到，它所算出來的值，在 π 值上下變動，愈來愈靠近 π 值，如次頁的圖所示。

但就算你用了100項，算到的 π 值還不能準確到小數點後面第三位。

丘德諾夫斯基使用一種複雜但有效得多的公式，與印度天才數學家拉曼努江（Srinivasa Ramanujan, 1887-1920）在本世紀初所做的研究有關。只用了公式的100項，已經得到 π 值的前面 1,400 位正確數字。

很偶然地，我們在第15章所玩的一種數字遊戲，也能用來估算 π 值，雖然並不十分有效率。還記得 S 數的定義嗎？這種正整數

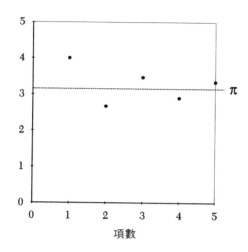

經過因數分解之後，沒有一個質因數會出現超過一次。對任何一個正整數n，我們用n*代表比n小的S數目的個數。例如當n是100時，n*是61，你可以檢查看看對不對。數論已經證明，當n愈來愈大時，n*／n的比率，會愈來愈接近6／π²。

我們可用n＝100來試試看，它的n*＝61，因此61/100≒6／π²。算出來π大約等於10的平方根，約為3.136。

<h2 style="text-align:center">π無處不在</h2>

一個由圓來定義的數目，居然與質數之間有某種關係，看來似乎有些奇怪。但更奇怪的是，π的值出現在所有的數學領域及應用範圍內。

我們再多提一下它的應用。統計學家在所謂的常態分布公式裡，也看到π的蹤跡。這條經常用來做大班級裡的學生評等的鐘型曲線，如果你覺得好奇，它的公式應該是：

$$\frac{e^{-x^2/2}}{\sqrt{2\pi}}$$

式中的 e 是每個學微積分的人都很喜歡的數字，它是個無理數，若以小數表示，大約是 2.718。

但讓我們再回到 π 的幾何用途裡。一旦我們知道圓周是直徑的 π 倍，而 π 的值大約為 3.14，我們就可以計算圓盤的面積了。舉例來說，讓我們求一個直徑為 D 的圓面積。我們使用一種可以回溯到古希臘的算法，先把一個圓切成 n 塊相等的扇形，如下圖。圖裡面 n = 20。

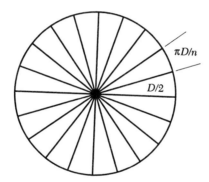

每塊切片看起來就像個狹長的三角形。它的兩邊是直線，而很短的那邊則是曲線。但是當 n 很大時，每片切片都非常窄，因此曲線就幾乎變成直線，就像下面的圖示。

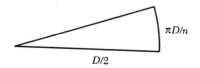

每一片都很像是三角形，高是 D ／ 2，底為 π D ／ n。因此每

片的面積大約是 $1/2 \times (\pi D / n) \times (D / 2) = \pi D^2 / 4n$。

因爲整個圓有 n 片，因此圓的全部面積就是 $n \times \pi D^2 / 4n = \pi D^2 / 4$（即半徑的平方乘以 π）。

當你選的 n 愈來愈大時，圓的面積會愈來愈接近 $\pi D^2 / 4$。所以，直徑爲 D 的圓面積一定是 $\pi D^2 / 4 \fallingdotseq 3.14D^2 / 4 \fallingdotseq 0.79D^2$。亦即，圓的面積是它最小外接正方形面積的79%。

當你飛行在美國中西部上空時，由飛機上往下看，會發現當地的農場就像不規則的圓盤，那占全部土地面積的79%，就像下圖。

第一個發現圓球的體積與表面積的人是阿基米德。他對自己這項工作如此自豪，甚至要求後人把內含一顆圓球的圓柱體，刻在自己的墓碑上。阿基米德指出直徑爲 D 的球，體積是 $\pi D^3 / 6$。

因爲 $\pi / 6$ 大約是0.52，因此正方體內接的圓球，體積約只占正方體的一半多，如次頁圖示。（如果外接的是個圓柱，就像阿基米德的墓碑上刻的，圓球的體積正好是圓柱體積的三分之二。）

阿基米德也發現球的表面積。同樣看一下次頁的圖，我們會發

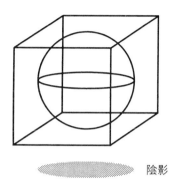

陰影

現，球體上半部的表面積會比底部投影的圓面積大，而球體下半部
的表面積也一樣。因此整個球的表面積會大於二倍的投影圓面積。
阿基米德指出，球的表面積正好是投影圓面積的四倍。這種關係使
得球的表面積公式很容易記，就是$4 \times (\pi D^2 / 4)$，即πD^2。

　　在阿基米德之後大約兩千年，柯西（A. L. Cauchy, 1789-1857）
把這個發現做了一番歸納。他指出，任何表面光滑的物體，如蛋或
檸檬，其表面積正好是所有可能方向的投影平均面積的四倍。於是
就有人想到實際的用途，發明出電子式自動選檸檬機及選蛋機。

　　科學家長久以來，一直企圖和外太空的智慧生命接觸。他們曾
經把π的小數形式的連串數字轉換成信號，向外太空發射。科學家
認為，如果有某種生命在某個行星上繁茂滋長，不論他們有沒有智
慧，任何進步的文明終究會碰到π這個重要數字；即使這種生存環
境完全是液狀的，其中的居住者從來沒有看過圓，也從未碰到圓周
與直徑的比率這種問題，也不例外。

　　π有很多用途不應該那麼令人驚訝。畢竟數字2也有許多用
途：2告訴我們腳踏車有幾個輪子，美國的國會分成幾院，或者水

分子裡有幾個氫原子。而且如果我們是在學幾何之前先學統計，應當也會奇怪一個在常態分布裡面出現的數字，怎麼會與圓周扯上關係。π 值出現在數學樹上的這麼多分枝裡，反映出這些學門基礎上的一致性。

因此，當我們想到 π 的時候，千萬不要老是只想到圓。它與所有的奇數正整數有關，也與所有沒有質數平方因數的正整數有關，此外它又是統計學上一個重要公式的一部分。π 就像變魔術一樣，在數學領域裡到處出現，上面所說的只是一部分而已。一想到 π 值居然有這麼多令人驚奇的牽連，不禁令人對於數學表現出來的統一與瑰麗，讚嘆不已。

π 之詩

我太太漢娜是詩人，在讀完這一章並且和我討論之後，寫了一首關於圓周率的詩，表達出她對 π 的多重角色的讚賞，以及對我的感覺。下面就是這首詩＜愛上一個數學家＞。

以太，或上面不管是什麼
像有個無窮的、透明的梯子
帶著真、帶著美──而我
從未跟著你，甚至沒有上到第二階。我總以為 π 只是
度量圓的方法。
現在，你卻說 π 隱藏在
氣態或液態的宇宙裡，
那裡甚至沒有圓圈，
如果我把小石丟進去，甚至不會出現圓波紋。
因為那裡也沒有卵石，

沒有圓、沒有球體、沒有赤道，

只有純結構。

那是真的，你說，π總是會出現，

就像個飄忽不定的老叔叔

總是在四處遊蕩，玩著紙牌。

但是圓，只是他的把戲之一：

π從他的指間溜走，留下奇數的痕跡；

從它躲藏的地方，只看到平方根下面還有平方根，

就像載著過多馬鈴薯的馬車，一路掉π唱著：

除去質數的平方，與圓完全無涉。

π顯示出踪跡

像數學家地圖裡的銀河，

π出沒於電子之間的空隙裡

在黑洞與紅移之間漫步，

π像個成長中的水晶

移動著進入宇宙的裂縫，

π等待著思想的接近，

等著被用鉛筆攫住，

就像他的神祕靈感

被耐心和渴望的心靈捕獲。

我問你，π是扣住整個宇宙的扣子嗎？

π會是上帝嗎？

我開始相信

自己能跟隨你直入雲霄——

第24章

把方程式變成圖形

在十七世紀的前半段，發生了一場真的非常重要的婚姻，許多人都見證了它的影響，甚至比兩大皇族的結合重要得多。這是一場代數與幾何的結合，由兩位法國的數學家笛卡兒（René Descartes, 1596-1650）與費馬（Pierre Fermat, 1601-1665）負責撮合。笛卡兒說明了如何把幾何轉化成代數，而費馬則顯示如何把代數轉變成幾何。今天，笛卡兒得到世人較多的讚譽，是因為他把自己的理念寫成一本書。但我在本章裡，主要是介紹費馬的想法，因為我在後面幾章還要用到。

費馬的想法其實很簡單，就像許多很重要的理念，諸如地殼的板塊構造或DNA的雙螺旋結構，一旦有人先想到，而且很認真的去求證，就會成功了。

　　一開始，我們在紙上先畫兩條互相垂直的直線。想像這些直線都是無止盡的，雖然紙張有一定的大小。一條線是水平的，和紙的下緣平行。另一條線則是垂直的，和紙的兩旁平行。超過三個世紀以來，我們都把水平線稱為x軸（x axis），而把垂直線叫做y軸（y axis）。圖1就是這項傳統。

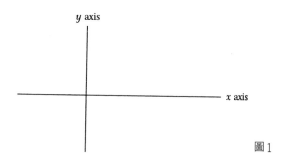

圖1

接著把兩條線畫成單位相等的數線，就像圖2。

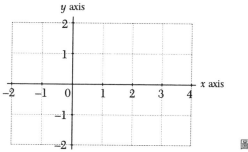

圖2

　　每個軸上的每一點都代表一個數字。任何在平面上的一點P都可以用一組數字來代表。為了要得到這兩個數字，我們可以通過P點，畫一條與y軸平行的虛線，以及一條與x軸平行的虛線，就像次頁的圖3那樣。

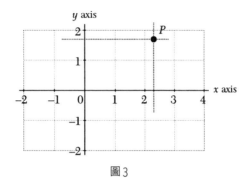

圖 3

　　通過 P 點的垂直線與 x 軸相交於軸上的某一點 x（在圖 3 中，x 大約是 2.3）。這點我們稱為 P 的 x 軸座標，它代表 P 點離 y 軸有多遠。若 P 點在 y 軸的右邊，x 的值就是正值；若 P 點在 y 軸的左邊，則 x 為負值。

　　通過 P 點的水平線則與 y 軸相交於某個數字 y 的地方（在圖 3，y 大約是 1.7）。這個數字叫做 P 點的 y 座標，它告訴我們 P 點離 x 軸有多遠。在 x 軸上方的點，y 是正值，而 x 軸下方的點，y 就是負值。

　　習慣上，我們把 P 點簡單地稱為「點（x, y）」，而 x 與 y 稱為這個點的座標。舉例來說，圖 3 的 P 點可能是（2.3, 1.7）。從圖 4，我們可以看出更多的點散布在所謂的 xy 平面上。

費馬的創見

　　現在，我們來看看費馬怎樣把一個含有 x 與 y 的方程式，轉變成圖像。我用 $y = x^2$ 這個方程式來說明，它在以後的章節裡還會再出現。

　　大部分點的座標都不能滿足這個方程式，例如點（2, 11）就不

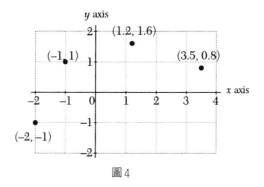

圖4

行。當你把x用2，y用11代入y＝x²這方程式時，會得到$11 = 2^2$或11＝4，這是錯的。但是（5，25）這個點卻能滿足方程式$y = x^2$，因為$25 = 5^2$是真的。一個方程式的圖像或圖形（graph），是由所有滿足這個方程式的點構成的。這就是費馬把方程式轉變成圖形的方法。

為了找出y＝x²圖形上的點，我們先選個x值。y就是這個值的平方。舉例說，若x是3，y就是9。因此（3，9）這一點會落在圖形上。（－1，1）這點也一樣。次頁的圖5中有7個這樣的點，均滿足方程式。

為了節省空間，我把x限制在－3與3之間。如果x是4，y會變成16，那就會把圖形往上延伸得遠些。另外，為了方便，我也只選整數的x，但所有整數之間的其他點，也有能充分滿足方程式的。例如若x＝1/2，則y＝1/4，因此（1/2, 1/4）也在y＝x²的圖形上。（$\sqrt{2}$，$(\sqrt{2})^2$），即（$\sqrt{2}$, 2）也同樣在圖形上。

所有滿足y＝x²的點（x, y）集合起來，應該會是一條平滑的曲線，就像次頁的圖6那樣。該條曲線叫做拋物線（parabola），已被研究超過2,000年。

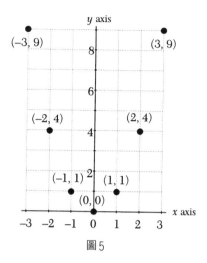

圖5

希臘數學家發現這條曲線有一項值得注意的特性。為了說明這項特性，首先我們想像曲線是由反射材料構成的，就像鏡子或發亮

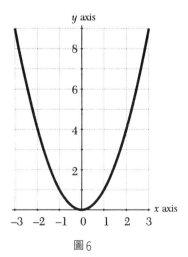

圖6

的金屬。假設有平行於 y 軸的光線由拋物線上方射進來，那麼所有反射的光線都會通過在 y 軸上的一個點，它的座標是（0, 1/4），就是圖 7 之中的 F 點。（在微積分的協助下，這點很容易就可證明。）

如果你把拋物線繞著 y 軸旋轉，形成一個光滑的曲面，你就得

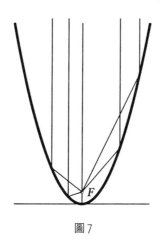

圖 7

到一個太陽爐。因為所有入射的陽光都會通過 F 點，這也是你可以煮食物的位置，不管是漢堡或豆腐都一樣。

另一方面，假想在 F 點上放一盞燈，則所有射出來的光線經過拋物線反射之後，會平行於 y 軸射出去。這就是所有手電筒或頭燈的反射面都是拋物面（paraboloid）形狀的原因。

伽利略（Galileo, 1564-1642）曾指出，丟一個球在空中，它的飛行路線就是一條拋物線。此外，承載著很均勻的水平負載的鋼纜，例如吊橋的鋼纜，也是拋物線。（不過，從兩端懸吊起來的均勻繩索，例如掛衣服用的曬衣繩，可不是一條拋物線。例如聖路易

的大拱門，就是曬衣繩的形狀。方程式 $y = 2^x + 2^{-x}$ 的圖形就是一條曬衣繩。注意這條方程式的底是固定的，而指數是變數。這與方程式 $y = x^2$ 正好形成對比，這個式子的指數是固定的，而底是變動的。）

紙上實驗

方程式 $y = 2x$ 的圖形又是個什麼樣子呢？想知道答案，我們可以先訂一些 x 的值，再找出相關的 y 值，然後畫出所有（x, y）點就知道了。例如我們標記了以下這幾個點：（$0, 0$）、（$1, 2$）、（$2, 4$）、（$3, 6$）、（$-1, -2$）、（$-2, -4$），畫成圖8。

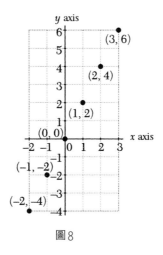

圖8

這6個點排在一條直線上。如果你找出更多滿足 $y = 2x$ 的點畫出來，你會發現它們全在同一條直線上。簡單地說，方程式 $y = 2x$ 的圖形就是一條直線。

如果你的計算機有個指數鍵，你也許想試一試方程式 $y = 2^x$ 的

圖形。這個圖形和我以前討論過的圖都不太一樣，它很像在研究人口分布時碰到的例圖，上升的速率與人口增加的速率類似，愈來愈快。你也可以試試 $y = x^3$ 與 $y = 1/x$ 的圖形，它們看起來和我們以前談過的大不相同。

　　到目前為止，我們談論的方程式，左邊都只是一個變數 y。但這種限制是不必要的。例如，你可能會想畫畫看方程式 $x^2 + y^2 = 25$ 的圖形，看它長什麼樣子。它是非常有名的圖形，你每天都會看見。試試看，記得要讓 x 與 y 分別是正值、負值或 0。

第25章

爲什麼負負得正？

經常會有學生問老師：「爲什麼－1乘－1會等於1，而不是等於－1？」回答通常是：「就是這樣，別再問這種問題。」

這種回答好像說有些什麼神祕在裡面，對大多數的人而言，它太深奧難懂。

其實，這裡面旣不神祕也不深奧。我在這裡就以三種不同的切入方式，提出三種不同的解釋。它們都指出－1乘－1應該是1。

這些解釋都根據兩項簡單的原則：「生活愈簡單愈好，」以及「我們才是主人，數字可不是。」這兩項原則都不深奧，但很有用，我們馬上會看到。我們在第17章定義指數時，已經應用過這些原則了。

先從分配律出發

我的第一個解釋用到分配律。雖然我們在第17章已介紹過分配律，但因為它是連接加法與乘法之間最偉大的橋樑，我還想再複習一下。圖1我們把一個長方形切割成兩個較小的長方形，這是分配律的最佳圖解。

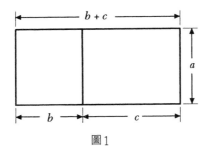

圖1

長方形的面積等於長乘寬，因此兩個小長方形的面積分別是ab與ac。而整個大長方形的面積是a（b＋c）。由於大長方形是兩個小長方形加起來構成的，因此a（b＋c）＝ab＋ac。

這個方程式包括了兩個加法與三個乘法運算在內，這就是分配律。圖1顯示，當a、b、c都是正值時，分配律可以成立。為了使生活簡單些，我們希望這三個數字若是碰到負值時，分配律仍然成立。畢竟我們是主人，不想背太多不必要的規則。在這兩項高貴的原則指導之下，我們看看－1乘－1會是什麼。

首先我們得承認，0乘任何數目都是0，而1乘任何數目會得到那個數目本身。例如1×（－1）＝－1。一個正數乘一個負數，邏輯上會是一個負數。（在美式足球賽裡，進攻的一方若損失2碼，記錄為－2。若三次進攻結果都被逼退2碼，記錄就是－6，因為3×（－2）＝－6。相同的邏輯也用在你的支票紀錄。）

現在，我們知道－1的關鍵特性是，它與1相加會等於0。所以我們由（－1）＋1＝0這個數學式開始，是很合理而且必然的。

為了使分配律發生作用，我們把式子的加邊各乘上（－1），得到（－1）〔（－1）＋1〕＝（－1）0。

因為我們要分配律在所有數目都成立，不管是正數或負數。因此我們會有（－1）（－1）＋（－1）1＝（－1）0

現在，（－1）1＝－1，因為1乘任何數會得到該數本身，而（－1）0＝0，因為任何數乘0都是0。因此，（－1）（－1）＋（－1）＝0。

要消除式子裡左邊的（－1），我們在式子的兩邊各加1。結果就變成（－1）（－1）＝1。

簡單地說，若分配律適用於所有的數，不管正值或負值，則（－1）乘（－1）必須是1。您看，分配律搭配了那兩項高貴的原則，就使得負數乘負數得到正值了。

再從指數的積律著手

但有沒有什麼其他的規則會使結果不同呢？如果這樣就糟糕了。令人開心的是，不管我們怎麼定義，（－1）×（－1）都會是1而不是－1。

比方說，我們看看指數的規則會怎麼樣。對於正整數 x 與 y，我們有個積律，使 $(2^x)^y = 2^{xy}$。

我們現在要求，即使 x 與 y 是－1，積律依然適用。

這樣，我們就得到 $(2^{-1})^{-1} = 2^{(-1)(-1)}$。

但依第17章的討論，我們知道 2^{-1} 是2的倒數，也就是1/2。因此 $(2^{-1})^{-1}$ 等於 $(1/2)^{-1}$ 等於2。2就是 2^1，所以上式的左邊就變成

2^1。整個等式就成為$2^1 = 2^{(-1)(-1)}$。

最後這個等式再一次告訴我們，-1乘-1應該是1。

從方程式的圖形來證明

我的第三種解釋，為什麼-1乘-1會是1，牽涉到方程式的圖形。

我們在第24章已經看到$y = 2x$的圖形是一條直線。如果你試幾個正值a，你會看到$y = ax$的圖形也是直線。因此，為了使生活簡單，我們要求即使a是負值，$y = ax$的圖形也是直線。舉個例子，我們來看看方程式$y = -2x$的圖形。

在開始畫圖之前，我挑幾個正值的x，以找出它們對應的y值，也就是（-2）乘x。我找到四組（x, y）值：（$1, -2$）、（$2, -4$）、（$3, -6$）、（$4, -8$）。

我們在圖2上畫出這四個點。對於x是正值的部分，圖2就是

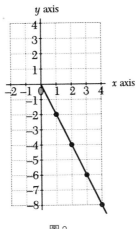

圖2

方程式 y ＝－2x 的圖形，它在 x 為正值的部分是一條直線。

　　如果我們希望在 x 是負值的時候，圖形能繼續延伸過去，那麼當 x 是－3 時，y 應該是多少？當我們沿著直線前進時，每向左邊移一個單位，y 就向上移兩個單位。因此我們從 0 向左邊移三個單位時，應該會向上移 6 個單位。換句話說，（－3，6）這個點應該會在圖上。意思就是當 x 為－3 時，（－2）（－3）應該是 6，是個正值。於是方程式 y ＝－2x 的圖形就是一條直線，不管 x 是正值還是負值，就像圖 3 那樣。

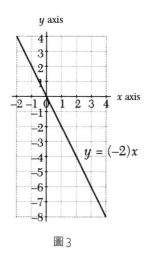

圖3

　　這有助於我們維持簡單的生活，因為從「方程式的圖形」這途徑，也再一次顯示出，負數乘負數應該是正數。簡單地說，就是「負負得正」。

　　這三種不同的方式，有一致的結論，不論是分配律、指數的積律或方程式的圖形，都推論出相同的結果。這是發生在自給自足的數學世界裡。但我要進一步指出，即使在物理世界，負數乘負數也

會是正值。我利用蹺蹺板來說明。

在物理世界也是如此

圖4是個蹺蹺板，F點是它的平衡支點。蹺蹺板本身可以構成一條數線，0的位置恰好就在支點F上。

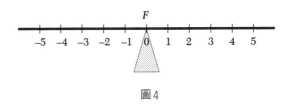

圖4

蹺蹺板上的位置可以是正或負。而且我們可以把板子向上或向下推。物理學家習慣把向上的力量當正值，而把向下的力量看做是負值。施加在板子上的力量可以讓蹺蹺板順時鐘或逆時鐘旋轉，看力是施加在哪裡。施力點離支點F愈遠，產生的力矩（torque）愈大。物理學家常把力與座標值相乘，來測量力矩的大小。也就是：力矩＝力×距離。

例如，有個向上的6磅力量加在位置4的地方，力矩就是6×4。而一個向下6磅的力量加在位置－4的地方，力矩就是$(-6) \times (-4)$。請看看次頁的圖5，我們就知道這兩個力矩應該是一樣的，不但大小一樣，也都逆時針旋轉。

因此物理學家同樣認為$(-6) \times (-4)$等於6×4，它的值應該是正的。

在數學世界裡或在我們周遭的世界，負乘負應該總是正的。不管論上或實際上，這種選擇是最佳結果。如果有人能發現一種情

況，推論出負乘負應該是負值，那會令我大吃一驚。

　　任何想使相乘結果為負值的人，就必須另外創造出一種全新的數字系統。

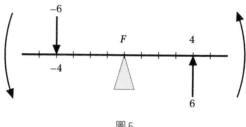

圖5

第26章

無窮大也有大小之分？

　　大部分人都是在幼稚園或小學一年級開始學算術的。我們在那時候學到數字符號1, 2, 3, 4, 5, 6, 7, 8, 9的意義，例如利用圖1之類的例子來知道「2」的意義，那是兩個蘋果。

　　另外，圖2是兩根香蕉。

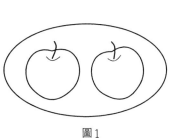

圖1

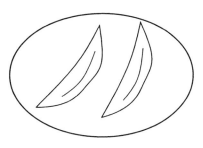

圖2

　　接著老師會要求我們指出，為什麼香蕉與蘋果的數目一樣多。我們會用鉛筆玩配對遊戲，像圖3那樣把香蕉與蘋果配在一起。

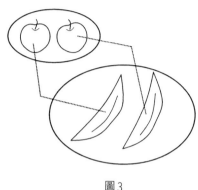

圖3

　　當我們可以把每個蘋果與香蕉都兩兩配成對時，就知道香蕉與蘋果的數目是相同的。

　　把這項做法說得更正式一點，現在，我們可以說：「蘋果的集合與香蕉的集合是數目對等的。」因為我們可以把一個集合裡的物體，一對一地對應到另外一個集合裡的物體。這是本章要討論的核心觀念。

　　而這也是一個非常精確的定義，我們得忍受它的一絲不苟。它看起來像個渾然天成的符號，但我們很快會看到，它並不是那麼的理所當然。

從幼稚園升到小學

　　舉個簡單的例子，考慮所有你左腳鞋子的集合與右腳鞋子的集合。因為每一隻左腳鞋一定會有一隻相配的右腳鞋，這兩個集合就是數目對等的（這得假設你沒丟過任何一隻鞋子）。另外，丈夫與

妻子的集合也是數目對等的集合（假設其中沒有重婚的人）。

到目前為止，一切還很正常。現在考慮0到2之間所有數目的集合與0到1之間所有數目的集合。我們可以想像第一個集合是一條2英寸長的線段，而第二個集合是一條1英寸長的線段，就像圖4。

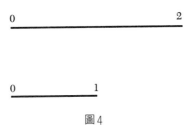

圖4

根據我們的精確定義，這兩個集合會是數目對等的集合嗎？其中一條是另一條的兩倍長呢，但長度在數目對等的定義裡，可沒什麼地位。事實上，這兩個集合的確是數目對等的集合，如圖5所顯示的。

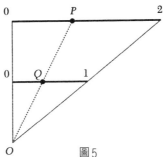

圖5

我們由較長線段的每一點P，畫一條虛線到O點，會與較短的線段相交於Q點，如圖5的情況。因此，長線段裡的任何一點都可以藉此方式，與短線段上的點配對，反過來也一樣。根據數目對等的意義，這兩個集合當然是數目對等的。

　　這看起來可能有點奇怪，明明其中的一條線段是另一條線段的
兩倍長，但兩者卻似乎有一樣多的點。這雖然很奇怪，但對於看過
電影的人而言，卻是稀鬆平常的事。銀幕上很大的圖像其實只是底
片上很小圖像的放大而已。在銀幕上的每一個點，都與底片上的點
對應，就如圖6所示。

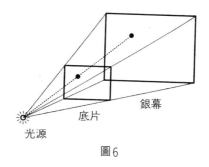

圖6

　　銀幕的面積可比底片大多了，底片頂多只有1平方英寸而已。
但集合是否為數目對等，與面積無關；它只管一個集合裡的每個點
是否能與另一個集合裡的每個點對應。

　　讓我們再來考慮另一個例子。假設N是正整數1, 2, 3, 4, ……
的集合。而另外一個集合B，是平面上所有x座標與y座標都是正
整數的點的集合。圖7是這兩個集合的一部分。

　　集合N與集合B兩者是數目對等的嗎？我們能把自然數1, 2, 3,
4, ……與無限集合B裡的點配對嗎？也就是B裡的每一點可以和自
然數配對嗎？

　　乍看之下，這似乎有點不可能。畢竟B集合裡每一列的水平點
已經和N集合的數目對等了。但事實上集合B與集合N仍然是數目
對等的集合。為了說明這是怎麼回事，我們現在就來詳細解釋，怎
麼把正整數與B集合裡的點配對。

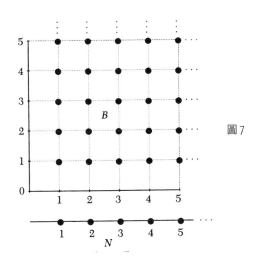

圖7

乍看之下好像不可能對等

假設我們在集合 B 上的每一點種一棵果樹，而你想檢查每一棵果樹，看看樹上的果子是不是成熟了。如果你只沿著底部那一列果樹巡視，將會錯失大部分的果樹。但真的有一種巡視路線，可以讓你檢查到每一棵樹。這是由開拖拉機犁田的農夫想出來的一種之字型路線，如次頁的圖8所示。

若你從最左下角開始，沿著圖8的路線走下去，就可以檢查到所有的果樹，不會漏掉任何一棵。這樣就等於把果樹與正整數的集合 N，配對成功了。每棵樹都對應一個正整數，而每個正整數也對應一棵樹。這個果園乍看之下似乎比正整數的集合「更無限大」，但兩者的數目還是對等的。

讓我在這裡先停一下，看看我們學到了什麼。在應用精確的數目對等定義下，首先我們指出一條線段與另一條兩倍長的線段是數

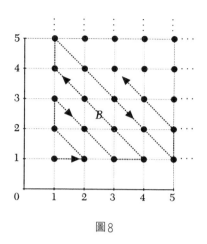

圖8

目對等的集合。其次我們指出一個小長方形（電影底片）與一個大長方形（電影銀幕）是數目對等的。最後，一排排無窮的果樹與正整數的集合也是數目對等的。

這是怎麼回事？是不是任何兩個無窮大的集合都是數目對等的？換句話說，是否每個無窮大都是同樣大小，沒有一個無窮大的集合比另一個無窮大更大。對任何有限的集合來說，當然有不同程度的大小。比方說，三根香蕉的集合就不能與兩個蘋果的集合數目對等。不管你怎麼把香蕉配蘋果，都會剩下一根香蕉。這就是我們說的「3比2大」的意思。我們也需要兩個符號3與2，分別代表不同程度的有限集合。

讓我們回到無限集合與原來的問題，「是否所有無窮大的集合都是數目對等的？」這個問題或許兩千年前就有人問過。但最近一次被提出來是在十九世紀末。1873年11月29日，德國數學家康托（Georg Cantor, 1845-1918）寫信給另一位德國數學家戴德金（Richard Dedekind, 1831-1916），問道：

　　我能否問你一個問題……我自己沒辦法回答，或許你能回答，若是如此，請回信告訴我。問題是這樣的，假設所有正整數的集合是N，而所有正實數的集合是R。那麼N與R這兩個集合是否能恰好一對一的對應呢？就是N集合裡的每一點，在R集合裡有一點，且恰好只有一點與它對應。乍看這個題目，一定會有人回答：「不，這是不可能的，因為N是離散（discrete）的部分，而R是連續的。」但這項反對說法並沒有證明什麼事。不過我自己也覺得N與R可能不能這樣配對，但我也說不出理由來。這就是我困擾的根源；但也許這個問題其實很簡單。

　　當被問到正整數的集合N，與正有理數p／q的集合能否對應時，有沒有人在乍看之下覺得它有問題？其實這兩個集合是可以互相對應的，證起來並不困難。

　　康托在信裡提到的，自然數與正有理數的對應可以用我們先前提到的數果樹的方法來處理。假設我們將分數像圖9那樣安排，將每一行或每一列的數字依序排列就行了。

```
⋮     ⋮     ⋮     ⋮     ⋮
5/1   5/2   5/3   5/4   5/5  ...
4/1   4/2   4/3   4/4   4/5  ...
3/1   3/2   3/3   3/4   3/5  ...
2/1   2/2   2/3   2/4   2/5  ...
1/1   1/2   1/3   1/4   1/5  ...
```
圖9

接著就像以之字形的路線檢查果樹那樣，將正整數與每一個分

數互相配對。由於1/2, 2/4, 3/6, 4/8, ……這些分數其實都代表相同的有理數，因此你需要把圖9裡不是最簡單形式的分數統統消去，單只計算那些已經化減成最簡形式的分數。然後仍舊採取同樣的之字形路線，計算剩下來的分數。

戴德金雖然回了信，但並沒有回答康托的問題。到了12月2日，康托又寫了一封信給他：

> 我提這個問題是有下面的理由的。我在幾年前就想到這個問題，並且一直懷疑它呈現出來的困難到底只是主觀的呢？還是本質上確確實實是一道難題？我從來沒有很認真地思考過這個問題，因為我對這問題並沒有特別的興趣。我也完全同意你的看法，這個問題並不值得大費周章。除非它有非常美麗的結果。

寫出這封信的一週之內，康托做出一個在數學上非常戲劇化而且很基礎的發現：並非所有的無窮大集合都是數目對等的。無限大也有不同的程度，就像有限的集合有不同的大小程度。這個結果對二十世紀的數學影響非常深遠，就像希臘數學家在二千三百年前發現無理數造成的影響那樣。

無窮大也有大小之別

康托在1873年所做的推論非常複雜，但他在1890年又做出一個比較簡單的推論。我們現在要介紹的，就是後面這個比較簡單的推論。

記得N是正整數1, 2, 3, 4, 5, 6, ……的集合，而R是正實數的集合吧。我們將證明不可能把所有N裡的數目，與R裡的數目配成對。換成另一種說法，就是不可能把所有正實數，按照「第一」、

「第二」、「第三」這樣的次序排列出來（雖然我們依照之字形的路徑，有可能將有理數排列出來）。

康托所做的，是指出任何一種正實數的排列法裡，一定有個數字不在排列表裡面。這也等於指出不可能把 N 與 R 配對。當然，我們可以把 N 與部分的 R 配對，例如 1 對 1/1，2 對 1/2，3 對 1/3，把正整數與它的倒數兩兩配對。但我們永遠不可能把 N 與所有的 R 配對。

現在開始介紹康托的推論。假設所有正實數有那麼一個排列表，表上的每一個數字都可以與正整數 1, 2, 3, ……對應。這個排列表看起來可能像這個樣子：

$$1\cdots \quad 10.387425\cdots$$
$$2\cdots \quad 7.084416\cdots$$
$$3\cdots \quad 0.250000\cdots$$
$$4\cdots \quad 113.333333\cdots$$
$$5\cdots \quad 0.912664\cdots$$
$$\cdots\cdots\cdots\cdots\cdots$$

記住這個排列表是無窮無盡的，但一旦固定就永遠固定了。我們列出來的，只是排列表的前幾個數字而已。

在表上第一個數字的小數點右邊第一位數下面畫一條短線，接著把表上第二個數字的小數點右邊第二位數下面畫條短線。再來，把表上第三個數字的小數點右邊第三位數下面畫條短線，依此類推做下去。

$$1\cdots \quad 10.3\underline{8}7425\cdots$$
$$2\cdots \quad 7.0\underline{8}4416\cdots$$
$$3\cdots \quad 0.25\underline{0}000\cdots$$
$$4\cdots \quad 113.33\underline{3}333\cdots$$

$$5\cdots 0.912\underline{6}64\cdots$$

$$\cdots\cdots\cdots\cdots\cdots$$

我們不必理會那些沒畫線的數字。它們在這項推論裡無關緊要。只有那些畫了線的字才要緊，它們構成一道向右下方不斷延伸的對角線。

康托利用這條對角線上的數字，創造出一個新的數字r，並且指出r不可能出現在原先的排列表裡。而這個r看起來會像這樣：r $= 0.\_\ \_\ \_\ \_\ \_\cdots$。

我們要說明在這些位數上，應該填入些什麼數字。

為了方便起見，我們把畫了短線的數字依次序寫出來，例如：$\underline{3}\ \underline{8}\ \underline{0}\ \underline{3}\ \underline{6}\cdots$。在這列數字的每個數字下面，我們寫一個和上面不同的數字。為了不要每次選數字都傷腦筋，我們訂個簡易規則：若短線上的數字是8，我們寫7，若短線上的數字不是8，我們就寫8。r的數字就依這條規則產生。因此在這個例子裡，r $= 0.87888\cdots$。

這個數字r，不可能出現在表裡的任何地方。（請你先想想為什麼？它會是第一個數字嗎？第二個？或第三個？）

這個數字一定不會和表上的第一個數字一樣，因為在小數點右邊的第一位數字就不同。它也不會和表上的第二個數字相同，因為小數點後面的第二位數字不同。它和表上的第三個數字也不同，因為小數點右邊的第三位數字不一樣。

依此類推，它和表上的第n個數字也不同，因為小數點後面第n位的數字不一樣。因此，r這個數字不會出現在表上。這種推論對任何的排列表都適用，而不只是適用於我提供的排列表。

我們得到的結論是，N與R這兩個集合不可能兩兩對應。由正實數所構成的無窮大集合，比由正整數構成的無窮大集合更大。就像你想把兩個蘋果與三根香蕉配對一樣，一定會剩下一根香蕉。正

整數與正實數配對，一定會有正實數剩下來。

我們也得到這樣的結論，即：無窮大的集合之間也有不同程度的大小。由正整數構成的無窮集合最小。任何可以和它配對的集合稱為「可數的」（denumerable）。我們已說明有理數是可數的，實數則不是。

問正確的問題同樣重要

無理數是不是可數的？如果是，我們可以用圖10下一列的點（當然是無止境的）來與它配對。

圖10

但我們知道有理數是可數的，所以我們用圖10上一列的點來與有理數配對。這樣，我們就可以用圖10的全部點來給有理數與無理數配對。而實數等於有理數加無理數，因此，圖10的點可以與實數配對。

但我們利用在圖8檢查果園的方法，知道圖10的點是可以計算的（農夫很容易就可以檢查完兩列果樹）。這會推導出所有實數是可數的。但事實上，實數不是可數的，意思也就是說，無理數會比有理數多。

康托的發現不只是個「美麗的結果」而已，它對數學與邏輯的影響非常深遠。例如，在高等微積分、拓樸學與代數裡，必須非常小心判斷無窮集合的大小。在這些領域裡，有些定理在可數的集合

裡是成立的，但在所有的無窮集合裡並不成立。更有甚者，康托使用的對角線推論技巧，甚至出現在邏輯與計算科學的理論中。

　　康托提出的問題，看起來很天眞而且無關緊要，卻引發一場數學革命。在數學裡，問一個正確的問題，和發現正確的答案同樣重要。其實其他學問也一樣。

第三部

真理近了

就像莫札特的交響曲那樣，

好像它一開始就寫在天上的某處，

只是誰把它帶到地球上來而已。

第 27 章

0 分之 0

假設蘇格拉底問兩個年輕朋友派崔克和派翠西亞一個問題。

蘇格拉底：當 x 接近 1 的時候，（$x^2 - 1$）／（$x - 1$）的商是多
　　　　　少？

派　崔　克：簡單，當 x 是 1 的時候，分子是 $1^2 - 1$，也就是 0，而分
　　　　　母是 $1 - 1$，也是 0，因此就變成 0／0。因為任何東西
　　　　　除自己是 1，因此當 x 接近 1 時，（$x^2 - 1$）／（$x - 1$）
　　　　　應該會接近 1。

派翠西亞：你的說法沒什麼道理。

派　崔　克：為什麼沒道理？

派翠西亞：除以 0 是荒謬的。

派　崔　克：爲什麼？

派翠西亞：因爲除法只是乘法的另一面。當我們說「6除以2是3」時，其實是回答了一個乘法問題，就是2乘多少會是6。」換句話說，我們只是在找2×□＝6的空格裡到底是什麼。

要滿足這個空格，只有一個答案。但「0除以0」卻是想滿足0×□＝0的空格。現在的問題在於，空格裡可以填入任何數目，等式都成立。例如0×5＝0成立，0×7＝0也對。因此，談到「0除以0」是沒有意義的。這與「6除以2」這種問題不同。

蘇格拉底：但派崔克說，任何數目除以自身是1。

派翠西亞：他沒錯，但0是例外。

蘇格拉底：那我問題的答案是什麼？當x接近1時，（x^2-1）／（$x-1$）會是多少？

派　崔　克：我還是認爲它接近1。

蘇格拉底：我們怎麼找出答案呢？

派翠西亞：只要挑一個很接近1的x值試試看，就知道了。

蘇格拉底：你要用什麼數字呢？

派翠西亞：我們用1.1來做開端。

派　崔　克：我算算看：（1.1^2-1）／（$1.1-1$）＝（$1.21-1$）／$0.1＝2.1$。看起來好像不怎麼接近1。但我還是認爲若我們選擇更靠近1的x，式子的商會接近1。

蘇格拉底：你再試試呀！

派　崔　克：這次我用x＝1.01，這應該會使事情明朗。現在商是（1.01^2-1）／（$1.01-1$）＝（$1.0201-1$）／$0.01＝2.01$。嗯，眞的不接近1。我改變主意了。若x的值接

近1，則商應該接近2。

蘇格拉底：為什麼是2呢？

派　崔　克：這是最接近2.01的整數了。

蘇格拉底：為什麼式子的商必須是個整數呢？

派　崔　克：如果不是這樣，我只好放棄。

派翠西亞：我們能不能再試試更接近1的數目，看看會怎樣？

蘇格拉底：好啊！

派翠西亞：我試試 x ＝ 1.0001，那我會得到（1.00020001 － 1）／
　　　　　0.0001 ＝ 2.0001。這個值實在很接近2了。也許這次派
　　　　　崔克是對的。當 x 接近1時，商會接近2。

蘇格拉底：你肯定嗎？

派翠西亞：是啊，我很肯定。

蘇格拉底：但或許式子的商接近 1.999999976。難道不可能嗎？

派　崔　克：是有可能。但如果結果真的是這樣，我會很驚奇。

蘇格拉底：到目前為止，你們兩個已經有共識，都認為商會是2。
　　　　　但你們並沒有把問題的疑點完全清除掉。

派翠西亞：我有個主意了。如果我們只用特別的數字來試這個式
　　　　　子，我們永遠不能絕對確定它的結果。但這個式子使我
　　　　　想起一些以前見過的商，只是變數是 r 而非 x，例如：
　　　　　（1 － r^{k+1}）／（1 － r）＝ 1 ＋ r ＋ r^2 ＋ … ＋ r^k。我在這本
　　　　　書的第18章〈級數的總和〉就看過這個等式。在 k ＝ 1
　　　　　的情況下，等式就變成（1 － r^2）／（1 － r）＝ 1 ＋ r。
　　　　　但因為（1 － r^2）／（1 － r）的分子分母各乘以 － 1 之
　　　　　後會得到（r^2 － 1）／（r － 1），因此（r^2 － 1）／（r －
　　　　　1）＝ 1 ＋ r。只要 r 不是1，這個式子就有意義。我若
　　　　　用 x 來代替 r，就與你問的式子完全相同了。你看，

$$（x^2-1）／（x-1）=1+x。$$

派　崔　克：那又怎麼樣？

派翠西亞：要試驗$1+x$會怎樣，可比要看（x^2-1）／（$x-1$）的商是什麼，容易多了。

派　崔　克：你說得對。當x接近1時，$1+x$就接近$1+1$，也就是2。我就不必擔心除以0的事了。因此x接近1時，式子的商就接近2，正如我先前說的。

蘇格拉底：那麼當x接近1時，（x^3-1）／（$x-1$）又怎麼樣？

派　崔　克：我敢打賭，它接近2。

派翠西亞：我不知道，但可以利用相同的方法，得到（x^3-1）／（$x-1$）$=1+x+x^2$。當x接近1時，$1+x+x^2$會接近$1+1+1^2$，也就是3。所以我認為這式子的商應該是3。

蘇格拉底：這麼說，派崔克的答案是錯的囉？

派　崔　克：不公平，她用詭計。

蘇格拉底：她第一次用的時候，你可以說那是詭計。但第二次就不行了。因為它在這時候是工具，就像槌子或鉗子。你認為槌子是詭計嗎？

派　崔　克：數學工具可不是槌子。我還是認為式子的商會接近2。

蘇格拉底：真是頑固的傢伙。

派翠西亞：如果派崔克還是不認為商會趨近3，我有辦法讓他心服口服。

蘇格拉底：你有什麼法子？

派翠西亞：我用一個很接近1的數目，例如1.01。式子就變成了：（1.01^3-1）／（$1.01-1$）$=$（$1.030301-1$）／$0.01$$=3.0301$。你看如何？派崔克？

派 崔 克：我輸了，真的是3。

蘇格拉底：我們這番討論的意義是什麼？

派 崔 克：不要碰0分之0。

派翠西亞：不，當你碰到0分之0時要特別小心。

蘇格拉底：答對了。當你用一個很小的數字去除另一個很小的數字
　　　　　時，商可能很大，也可能很小，或在兩者之間。這與兩
　　　　　個小數目相乘不同，也與它們的差或和不同。上面這三
　　　　　種運算都會得到很小的數目。除法運算就完全不同了，
　　　　　用一個小數目去除另一個小數目，什麼事都可能發生。

第28章

曲線有多斜？

　　當你查閱舊金山市的地圖時，你會覺得在老市區裡沒有任何山丘，因為那兒的街道全是直線的。不像其他地區，街道大都順著等高線蜿蜒，舊金山老市區的道路卻筆直地朝山丘開過去，直上直下的，沒有什麼障礙可以阻擋它。這是1906年舊金山大地震後的一種嘗試，希望土木工程順應自然。但這種做法很快就失敗了，人們很快就回到習慣的老方法。因為當你開車在這種直路上走到最高點時，前面只看到藍天白雲。你不知道前面是不是還有路，或者像懸崖一樣突然掉入萬丈深淵。

　　舊金山市最陡峭的街道有多陡？市民多半認為它是水平往上45度。意思就是每前進1英尺會上升1英尺。這種斜度就如下一頁的圖1。

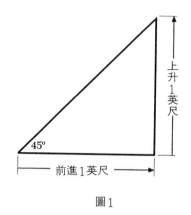

圖1

事實上，舊金山市最陡的車行道路大約是榛樹街（Filbert），它的角度只有17.5°仰角，意思就是每100英尺的跨度只上升31.5英尺。圖2就是這個斜度。

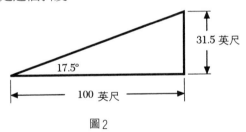

圖2

我們可以看到，度量一條線的斜度有兩種方法，一個是指出它與水平構成的仰角，另一種則是指出對固定的水平跨度，這條線上升了多少高度。這裡我們用第二個方法，利用高度與跨度的商，來說明斜度：

斜度＝高度／跨度

數學上稱這個商為直線的斜率（slope）。木匠稱此為傾斜度（pitch，屋頂的傾斜度），築路工程師稱之為坡度（grade）。順便提

一下，A型屋頂的傾斜度最少要1.3以上，以便積雪可以掉落。美國任何州際公路的坡度最多是0.06。而加州法律允許的最陡的公路，坡度不能超過0.09，而且只允許郊區的山路如此。

圖1的斜線，斜率是1/1，就是1。圖2的斜線，斜率則是31.5/100，即0.315。斜率愈大，斜度愈陡。

斜率可以是負的

現在我們討論一下在xy平面上的直線斜率，而不去管山路的坡度。假設L是xy平面上的一條直線，如圖3所示。

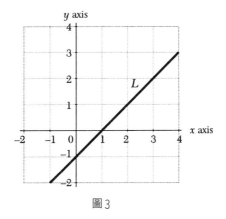

圖3

在L線上任選兩點P與Q，讓P在Q的左邊，如次頁的圖4所示。這些點決定了一個直角三角形PQC，它的兩邊與兩個座標軸平行。PC的長度是跨度，它是x軸上的變化。而垂直邊的長度QC則決定上升的程度，它是在y軸上的變化。

如果我們沿著L線由P走到Q，就圖4而言，我們會往上走，上升的高度是正值。但是如果我們沿著某一條線由左往右走時，我們是往下的，那上升的高度就是負值。這就是次頁的圖5所

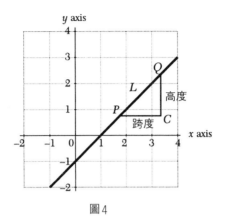

圖4

顯示的情況。（負值的上升高度聽起來很奇怪，但所謂的負成長不也一樣？）

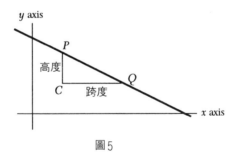

圖5

　　在 xy 平面上，一條直線的斜率就是「高度除以跨度」，而它有可能是負值。

　　至於曲線的斜率又該怎麼處理呢？次頁的圖6是曲線 $y = x^2$ 的一部分。

　　在靠近 A 點的附近，曲線一點都不斜，但離開 A 點沿著曲線往右走，斜度卻愈來愈大。在 B 點，曲線非常陡。我們怎麼可能度量曲線的斜率呢？這曲線的斜度每一點都不同呀！

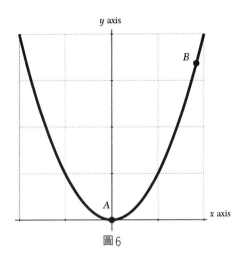

圖6

　　我們就一步一步來吧，比如說我們先找出P＝（1，1）點的斜率。我們可以用直尺通過P點畫一條直線T，並且讓這條直線的方向儘量與曲線一致。T只是接觸到曲線，並沒有穿過它。我們稱T為曲線的切線（tangent），是從拉丁字*tangere*（接觸之意）演變而來的。

　　在畫切線T的時候難免會有一些誤差，因爲要估計P點附近曲線的方向是很難的。但至少我們可以利用T上的兩點算出它的斜率。因此除了P點外，我們在線上另找一點Q，如次頁的圖7所示。

　　在我的估算裡，PQ兩點之間的跨度約爲1.3公分，而上升的高度爲2.8公分。因此我估計的斜率是2.8/1.3＝2.2。

　　這只是個估算值。我建議你們畫個大型的y＝x²曲線圖形，並且在P＝（1，1）這點上儘量畫一條切線T，然後在T線上畫個大型的三角形來計算上升的高度與跨度。

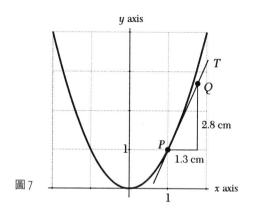

圖7

如果你有充分的時間與很大的紙張，也許可以畫個很大的曲線圖，然後在（1，1）這點畫條切線，並估算出比較精確的斜率。但你會注意到，切線的角度只要改變一點點，斜率就會相差很多。另外，一個估算值只是個估算值，就算你做了一百次的估算，它也只是估算值。

那麼，到底要怎麼做，才能發現在點（1，1）的切線的真正斜率呢？要記得，這條切線的斜率會與曲線在（1，1）這點的斜率一致。幸運的是，我們另外還有個方法可以處理這個問題，而且甚至不必再畫什麼圖。我們現在就來看看這個方法。

從割線逼近切線

在曲線上很靠近P點的地方畫個Q點。這P、Q兩點可以決定一條割線（secant）L。而P、Q兩點之間的線段則稱為曲線的弦（chord）。這條L線當然不會是曲線的切線，但它與切線很類似。如圖8所示。

你選擇的Q點愈靠近P，割線L就愈像切線T。你可以在自己

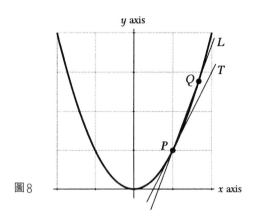

圖8

畫的圖形上檢查看看。因此最後，L線的斜率會與T線接近，這可用來估算T線的斜率。

為了讓你體會「直接畫切線」與「由割線逼近切線」這兩種方法的不同，我們特別選幾個Q點來估算L的斜率。例如在曲線上選一個x座標為1.1的點。因為曲線的方程式為 $y = x^2$，因此當x是1.1時，Q點的y座標應該是1.21。圖9就是 P =（1, 1）而Q為（1.1, 1.21）的曲線圖。

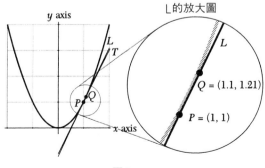

圖9

　　爲了找出通過P、Q兩點的切線的斜率，我們以它們畫個小的
直角三角形。圖10就是這個直角三角形，當然是經過放大的。

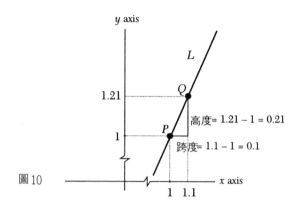

圖10

　　這個小三角形的上升高度是0.21，而跨度是0.1，因此經過
P、Q兩點的割線L，斜率就是0.21/0.1 = 2.1。

　　這只是通過P點的切線斜率的另一個估算值。與我們前一個估
算比較，這次我們的確不必畫什麼東西。圖10的作用只是幫助你
思考而已，我們的計算基本上是獨立的，與畫不畫這個圖沒什麼關
係。當然，它也只是個估算值而已。

　　想要得到在P點切線斜率的較佳估算值，可以選擇更靠近P點
的Q點。例如，這次我們選擇x座標爲1.01的Q點。因此Q點的座
標是（1.01, 1.0201）。不必畫任何圖，我們就可以算出直線PQ的
斜率是：（1.0201 − 1）／（1.01 − 1）= 2.01。

　　注意這裡的技巧：我們不需要畫出曲線，不需要畫出P、Q兩
點，也不需要畫出通過這兩點的直線。

一次求得通解

推演到了這個地步，其實我們仍然不知道通過P點的切線T的真正斜率。我們最後得到的兩個估算值分別是2.1和2.01，這可能暗示我們T的斜率是2。這是最接近2.01的簡潔數字。但我們也不能確定T的斜率會是個很簡潔的數字。我們只知道，它也可能是1.987或一個包含2的平方根在內的複雜式子，或甚至其他更奇怪的東西。

我們必須找出來，當Q點非常接近P點的時候，直線PQ的斜率到底是多少。為了達成目標，我們不再選擇特殊的Q點，而是要把所有的Q點都考慮在內，一次解決。

我假設x是任何比1大的數，而令Q點的座標是（x, x^2）。我們看看當x很接近1的時候，通過P＝（1, 1）與Q＝（x, x^2）的直線，斜率會怎麼樣。圖11就是這個一般情況。

在這個例子裡，直線L的斜率是（$x^2 - 1$）／（x－1）。

我們要知道的是，當x愈來愈接近1時，這式子會怎麼樣。很

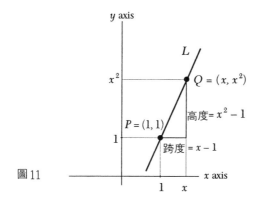

圖11

　　湊巧的是，我們正好已經知道當 x 接近 1 時，這個商會是什麼。在第 27 章裡，我們已知道上式的結果是 1 ＋ x，因此答案會接近 2。

　　所以在 x 接近 1 時，曲線在（1, 1）點上的切線 T 的斜率，也剛好是 2。可見這條切線的斜率正好是個整數，就是 2。而且我們不必再畫任何圖。

　　那麼，當我們談到「曲線 y ＝ x² 在點（1, 1）的斜率」時，指的又是什麼意思呢？我們的意思等於是指：在這點（1, 1）上，曲線的切線的斜率。因為這條切線代表了曲線在這點附近的方向。我們現在已經可以確定，曲線在（1, 1）這點上的斜率就是 2。

　　要檢查一下你是不是真的瞭解這種「接近點」（nearby point）的技巧，我建議你試試 y ＝ x³ 這條曲線，求它在點（1, 1）上切線的斜率，這也是該點上曲線的斜率。你在過程中會碰到（x³ － 1）／（x － 1）。接著，你可以再試試 y ＝ x⁴ 這條曲線。

　　這種接近點的做法不但可以應用在點（1,.1）上面，也可以應用在曲線的任何點上。你只需要用到第 27 章裡提過的那類代數技巧（當然還會稍多一些），就能求得曲線上任何一點的斜率。如果你有機會學習微積分，你會發現，這種技巧還可應用在更多不同的曲線上。

曲線的最高、最低點用途多

　　在經濟、生物、工程、物理、化學、企業管理等的各領域裡，曲線的斜率有很重要的地位。理由之一是，如果我們知道某條曲線的斜率公式，就可以求出曲線的最高點與最低點。為什麼？請參考一下圖 12。

　　假設在曲線的最高點 H 或最低點 B 畫切線，這切線會與 x 軸平行而斜率是 0，就像圖 13 那樣。（假設你用一個直尺，把它與 x 軸

平行，然後向上或向下移動到它正好與曲線的一點接觸。）

如果我們有個代表曲線所有點上的斜率公式，就可以找出斜率在哪一點會是0。意思是說，你必須懂得解方程式的方法，而這是中學的代數課教過的。

生意人想要賺取最大利潤，或工程師想設計出最省材料的方式，都需要設法找出曲線的最高點或最低點。這正是微積分這種數學工具的用途之一；我會在第30章的末尾，繼續描述這種數學工具在其他方面的應用。

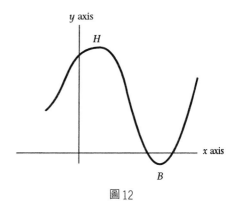

圖12

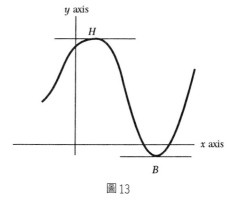

圖13

第29章

想辦法計算曲線下的面積

　　在學校裡，我們學到一些圖形面積的求法。例如一個長、寬分別為a、b的長方形，面積就是ab，如圖1所示。

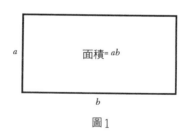

$$面積 = ab$$

圖1

　　有了這項結果之後，一個底為b、高為h的平行四邊形面積，像圖2那樣的，就很容易計算了。

　　我們可以像圖3那樣，把平行四邊形右邊的三角形部分切下

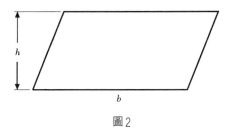

圖2

來，補到左上角去。這樣，原來的平行四邊形就變成一個有相同面積的長方形了。

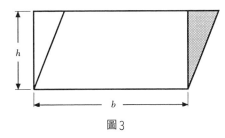

圖3

　　這個新長方形的底為b而高為h，因此它的面積就等於bh。所以，原來的平行四邊形面積也是bh。

　　再來，我們很快就能求出底為b、高為h的三角形面積，如圖4所示。

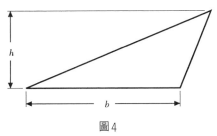

圖4

　　只要把一個完全相同的三角形上下顛倒，然後拼在原來三角形的左邊，像次頁的圖5那樣，就會構成一個底為b，高為h的平行

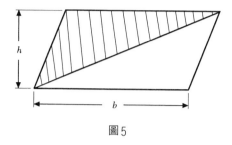

圖5

四邊形。

　　因為平行四邊形的面積是底乘高，也就是bh。因此每個三角形的面積等於(1/2)bh，也就是底乘高的一半。

　　由於我們已經可以求出任何三角形的面積，因此就可以得到任何多邊形的面積：只要把多邊形分割成很多個三角形，再求出每個三角形的面積，加起來就行了。

微積分的基礎概念

　　但如果一個區域的邊緣不是直線，而是曲線的一部分，我們要怎麼求它的面積呢？例如說，我們有一條曲線$y = x^2$，我們要知道曲線下方與x軸之間、x從0到1之間的面積，該怎麼辦？這塊面積可參考圖6的陰影部分。（看一下圖6，我們直覺說這塊面積小於1/2，因為它在一個底與高都是1的三角形之內。）

　　方法之一就是畫一排很窄的長方形，沿著曲線排列。這是阿基米德在西元前三世紀所用的方法。

　　應用這方法時，首先我們選擇一個正整數n，然後把x軸的0到1這段區域用（n－1）個點分成n段相等的長度。接著我們畫一排狹窄的長方形，各個長方形的高是由曲線$y = x^2$來決定，也就等於x^2的值，而底就是相等的小線段。

　　為了方便說明，我假設n＝5，把x軸的0到1分成五個相等部

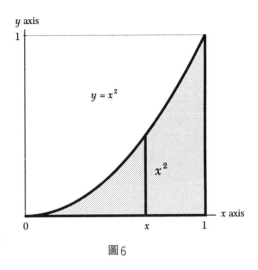

圖6

分，像圖7那樣。我還畫出5個長方形當中的一個。

當 n = 5 時，整個長方形的階梯圖可參考次頁的圖8。

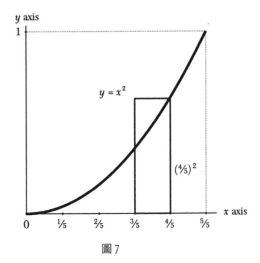

圖7

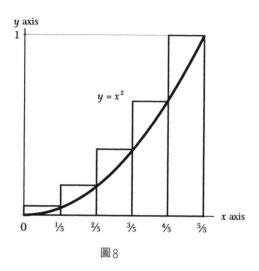

圖8

　　圖8中，每個長方形的底都是1/5。而最小的一個長方形高度是1/25（因為曲線的公式是 $y = x^2$，當 x 是 1/5 時， y 就是 1/25），因此這個最小的長方形的面積是 $1/5 \times 1/25 = 1/125$。

　　在它右邊的第二個長方形高為4/25（2/5的平方），因此面積為 $1/5 \times 4/25 = 4/125$。其他三個小長方形的面積，可依此類推。

　　注意，每個小長方形面積的分母都是125（5的3次方），只有分子不同。因此這五個成階梯排列的長方形，總面積是 $1/125 + 4/125 + 9/125 + 16/125 + 25/125 = 55/125 = 0.44$。這只是 $y = x^2$ 曲線下面積的近似值，是依據 n = 5 的情況獲得的。

　　如果我們用 n = 10 來代替 n = 5，就會像圖9那樣，得到10個階梯式排列的長方形。這些長方形的總面積是曲線下面積的更佳近似值。

　　利用類似 n = 5 的計算方法，我們得到這10個長方形的總面積是（$1 + 4 + 9 + 16 + 25 + 36 + 49 + 64 + 81 + 100$）/1000 =

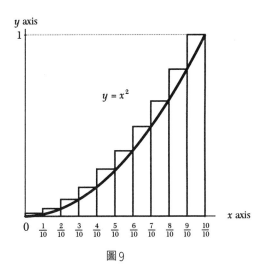

圖9

0.385。

　　從 n = 5 到 n = 10 的階梯式長方形，只是 n 的特例。次頁的圖10是個一般圖形，沒有特定的 n 值。各長方形的底是 1/n。階梯的面積計算式可寫成（$1^2 + 2^2 + 3^2 + \cdots + n^2$）／$n^3$。

　　當 n 很大的時候，這個計算式的商會如何？如果我們能知道結果，就能得到曲線下方的確實面積。

　　當 n 變大時，分子會變大，因此商會跟著增加；但此時分母也同時增加，這又表示商會變小。若分母變大的趨勢快過分子，商甚至可能趨近 0。但這是不可能的，不管怎麼變，它終究是曲線下的面積，數字一定會大於 0，而我們也知道它小於 1/2。

　　顯然在這個計算式裡，分子與分母之間有個平衡點。我們該怎麼辦？

　　我們可以用一連串不同的值代入式子裡，猜猜看它會是多少。當 n = 5 時，商是 0.44，而 n = 10 時，商是 0.385。看起來當 n 增加

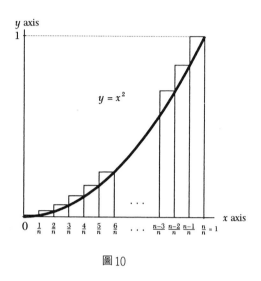

圖 10

時，商是下降的。值得一提的是，這種估計值永遠大於眞正的面積，因爲階梯凸出曲線之上。

你的努力不會白費

如果你手邊有個計算機，請試試看 n = 11、n = 12，體會一下這個式子的商會如何變化。或許你的嘗試會告訴你曲線下的面積大概是多少，但也許不會。不管怎麼試，你都會碰到困難，因爲你不知道它的商眞正的趨近值。

在第 30 章裡，我們會利用另一種形狀的階梯，確實找出曲線下的面積。因此，間接的，我們也知道了這個長方形階梯面積計算式的結果，之後這個結果又可以應用在第 31 章。意思是說，雖然我們在這一章裡，並沒有眞的求出曲線下的面積，但努力並沒有白費。

　　在第31章裡，我們還需要知道當n增加時，另一個類似的計算
式（$1^4+2^4+3^4+\cdots+n^4$）／n^5 的商會是多少。

　　這個式子與本章的計算式差別很小，只是把分子的指數由2改
成4，而把分母的指數由3改成5。當你檢查與這個新式子相關的
一組階梯圖時，會發現它是 $y=x^4$ 的曲線下的面積，x的範圍從0
到1。我建議你用不同的n值來試試這個式子，猜猜看n增加時，
它的商是多少。（答案在下一章裡。）

第30章

求得曲線下的面積

　　在第29章裡，我們想求得 $y = x^2$ 曲線下的面積，但沒有成功。在我們的方法裡，用了一串有相同底邊的階梯式長方形。但其實還有別的方法，是十七世紀由費馬做出來的，這個方法真的得到確切的面積。在這新方法裡，長方形的寬度並不相同。

　　下面我們開始介紹費馬的推論。在過程中會用到兩項在第18章已經提過的結果。

　　第一項是，對任何介於－1與1之間的數目r，

$$1 + r + r^2 + r^3 + \cdots = 1 \diagup (1 - r)$$

　　我們把這個式子用於當 r 等於某個數的立方時，例如 $r = p^3$。因此，我們用到的式子變成：

$$1 + p^3 + (p^3)^2 + (p^3)^3 + \cdots = 1 \diagup (1 - p^3)$$

也就是說，

$$1 + p^3 + p^6 + p^9 + \cdots = 1 / (1 - p^3)$$

我們用到的第二項結果是：

$$1 + x + x^2 + \cdots + x^k = (1 - x^{k+1}) / (1 - x)$$

對任何正整數 k 與不是 1 的 x 值，這個式子都成立。（我們在這裡用 x 而不用 r，是避免在後面的敘述中引起混淆。）事實上費馬用的，是這個式子的顛倒形式，分子與分母正好相反，也就是：

$$(1 - x) / (1 - x^{k+1}) = 1 / (1 + x + x^2 + \cdots + x^k)$$

費馬的妙招

對每個小於 1 的正數 p，費馬做出一串相關的階梯。做法是這樣的：首先，他在 x 軸上標出 p, p², p³, p⁴, …這些點，如圖 1 所示。當指數 k 增加時，p^k 會減少，愈來愈接近 0。

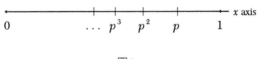

圖1

當我們由右往左移動時，這些點彼此之間會愈來愈接近。但它們也向 0 移動，愈來愈靠近 0。

接著，費馬在每個 x 軸的點上，算出 $y = x^2$ 的高度。例如當 $x = p$ 時，$y = p^2$；當 $x = p^2$ 時，$y = p^4$；而當 $x = p^3$ 時，$y = p^6$。你從次頁的圖 2 可以看出部分的高度來。

然後，費馬做出一串階梯式的長方形，每個長方形的高度等於曲線在長方形右手邊的值，如次頁的圖 3 所示。（在這個圖裡，p 是 0.9。你也可以試 p = 0.99，然後畫幾個相關的長方形。）

剩下來的就是找出這些階梯長方形的總面積，然後看看當 p 愈

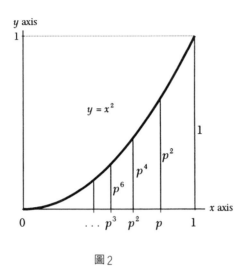

圖2

來愈接近1時，這個面積會變成怎樣。（p愈接近1，長方形愈
窄，階梯的數目也愈多，愈近似曲線。）

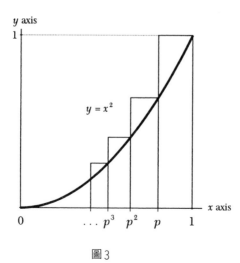

圖3

　　這是一種很細心的簿計工作，必須先找出每個長方形的面積，再把這些面積加起來。

　　首先考慮最大長方形的面積。它的高是1而寬度是 $1-p$。因此面積是 $1\times(1-p)$。

　　其次，看看它左邊那個長方形。它的高度是 p^2 而寬度是 $p-p^2$，因此面積是 $p^2(p-p^2)=p^3(1-p)$。

　　接著，考慮右邊算過來的第三個長方形。它的高度是 p^4 而寬度是 p^2-p^3，所以面積是 $p^4(p^2-p^3)=p^6(1-p)$。而它左邊長方形的面積，你可以檢查一下，就是 $p^9(1-p)$。

　　很明顯的，每個長方形的面積是 $(1-p)$ 與p乘方的乘積。這個乘方的指數當我們從階梯往左移動時，每次都增加3。因此這一串無限多階梯的面積是 $(1-p)+p^3(1-p)+p^6(1-p)+p^9(1-p)+\cdots$

　　因為 $(1-p)$ 在每一項都出現，把它提出來，成為 $(1-p)(1+p^3+p^6+p^9+\cdots)$。

　　在這個式子裡出現的這種無限多項的總和，其實是一種偽裝的幾何級數，它的比率是 p^3。正如我們在這一章開頭提到的，它的和是 $1/(1-p^3)$，因此，階梯的面積等於 $(1-p)/(1-p^3)$。

　　費了這麼多的力氣，終於有了令人滿意的結果。剩下來的事就是找出 $(1-p)/(1-p^3)$ 的商，尤其當p愈來愈接近1時。

面積算出來啦！

　　本章一開始的時候，我們也提到，對任何正整數k，

$(1-x)/(1-x^{k+1})=1/(1+x+x^2+\cdots+x^k)$

　　這正是費馬現在需要的。他把x改成p，用2代入k，得到 $(1-p)/(1-p^3)=1/(1+p+p^2)$。

　　當 p 愈來愈接近 1 時，階梯的面積會趨近 1/3，因此曲線下的面積必定是 1/3。

　　這個答案合理嗎？仔細看一下圖 4，就會覺得它相當合理。我們找的曲線面積是在一個三角形裡，而三角形的底與高都是 1，面積爲 1/2。曲線下方的面積大約占三角形面積的 2/3，因此 1/2 × 2/3 ＝ 1/3。

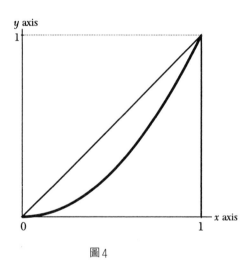

圖 4

　　類似的計算方法也可用於曲線 y ＝ x³。我們一步步的推導，就會發現需要知道下面兩個式子的結果。即：1 ＋ p⁴ ＋ p⁸ ＋ p¹² ＋⋯＝ 1／（1 － p⁴）與（1 － p）／（1 － p⁴）＝ 1／（1 ＋ p ＋ p² ＋ p³）。

　　這兩個式子都是本章開始時提到的一般公式的特殊例子，當 p 接近 1 時，階梯長方形下的面積會等於 1/4。

　　因此我們得到在 x 軸的 0 與 1 之間，曲線 y ＝ x³ 之下的面積是 1/4。如果你畫出這條曲線的圖形，會發現當 x 介於 0 與 1 之間時，它落在曲線 y ＝ x² 之內。因此它的面積必定小於 1/3。

　　經由這樣一步步的推論，費馬得到各種曲線下的面積，如 $y =$ x^4, $y = x^5$, $y = x^6$,……等。你可以看到，在 x 介於0到1的區域內，對任何正整數 k 而言，$y = x^k$ 曲線下的面積是 1／（k＋1）。

求球的體積

　　由費馬所做的推論，我們發現一個簡單的事實：我們可以用已經確知的面積，來逼近曲線下的面積。接下來我們看看逼近效果愈來愈好時，會有什麼結果。

　　現在我們已經知道 $y = x^2$ 曲線下的面積了，因此可以回過頭去求在第29章沒能得到商：當 n 愈來愈大的時候，曲線下的面積為（$1^2 + 2^2 + 3^2 + \cdots + n^2$）／$n^3$。

　　因為它是面積的近似值，因此它一定趨近 1/3。

　　一旦知道了（$1^2 + 2^2 + 3^2 + \cdots + n^2$）／$n^3$ 在 n 值愈來愈大時會趨近 1/3，我們就可以在碰到它的時候，很方便地利用這個結果。例如，我們可以求出一個半徑為 r 的球體，體積是 $4\pi r^3$／3。以下我只勾勒出推論過程，請讀者自己仔細演算細節。

　　為了簡化問題起見，我假設球的半徑為1，而且只考慮半球的體積（這是為了計算的方便，半球的兩倍就是球），用一堆「硬幣」來近似這個半球。我們先選一個正整數 n，把垂直於半球剖面的半徑平分成 n 段，每段的長度都是 1/n。然後用 n 個硬幣排列起來，每個硬幣的厚度是 1/n，如次頁的圖5所示，n＝5。請注意，硬幣是在球裡面，而最小的硬幣半徑是0。

　　接下來要計算硬幣的總體積。這需要用到畢氏定理，來找出每個硬幣的半徑。硬幣總體積的計算式如下：

　　π（1/5）$\{[1 - (1/5)^2] + [1 - (2/5)^2] + [1 - (3/5)^2] + [1 - (4/5)^2] + [1 - (5/5)^2]\}$

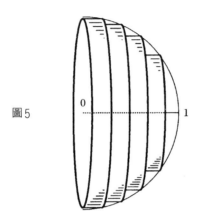

圖 5

　　即等於 π（1/5）〔5－（$1^2+2^2+3^2+4^2+5^2$）／5^2〕＝ 14 π／25。

　　接著，找出 n 增加時上式的總和會變成什麼。此外，在半徑不一定是 1 的一般情況下，也可用同樣的方式來處理。

求球的表面積

　　一旦你知道任何球體積的公式，則只需要再進一小步，就可以求出球的表面積的公式。與前面一樣，我只用半徑為 1 的例子來說明推論過程。

　　假設有兩個球，球心在同一點上，一個球的半徑是 1，另一個球的半徑是 s，s 比 1 大一點點。我們可以得到一個很薄的球殼，介於這大、小兩個球之間。這個球殼的體積是（4 π s^3／3）－（4 π 1^2／3），即等於 4 π（s^3-1）／3。

　　由於球殼的體積約等於表面積乘上厚度 s － 1，因此表面積約等於體積除以厚度，即 4 π（s^3-1）／3（s － 1）。

　　現在問題只剩下，當 s 趨近於 1 時，上面的式子會變成什麼情

形。方程式（s^3-1）＝（$s-1$）（s^2+s+1）其實是幾何級數 $1+s+s^2$ 之和的變化形式。知道這個之後，在這裡也有些幫助，因為它可以幫忙你把分母中麻煩的（$s-1$）消去。

碰觸到微積分的核心

曲線 $y=x^k$ 下面的面積，可以有個通解：（$1^k+2^k+3^k+\cdots+n^k$）／n^{k+1}，當 n 很大的時候，會趨近 $1／(k+1)$。你在下一章裡還需要這個結果。

我們把這一章和上一章的結果相互比較，發現在上一章裡使用的方法沒有成功，那是因為我們缺乏 $1^k+2^k+3^k+\cdots+n^k$ 的求和公式。事實上，有這樣的公式存在，而且當 k 很小的時候，經過一些努力就可以得到結果。這裡我舉出這個公式的前四種情況，k 分別為 1、2、3、4 的時候：

$$1+2+3+\cdots+n=(n^2／2)+(n／2)=n(n+1)／2$$
$$1^2+2^2+3^2+\cdots+n^2=(n^3／3)+(n^2／2)+(n／6)$$
$$1^3+2^3+3^3+\cdots+n^3=(n^4／4)+(n^3／2)+(n^2／4)$$
$$1^4+2^4+3^4+\cdots+n^4=(n^5／5)+(n^4／2)+(n^3／3)-(n／30)$$

次頁是 n 乘 n＋1 的長方形圖，由這個圖，你可以一眼就看出第一道公式。我們把長方形分割成兩個完全相等的階梯狀區域，每塊階梯區域的面積都是 $1+2+3+\cdots+n$。由於整個長方形的面積是 $n(n+1)$，因此階梯區域的面積就是 $n(n+1)$ 的一半。我們可得到 $1+2+3+\cdots+n=n(n+1)／2$。正是第一道公式。

阿基米德利用一種獨創的公式，發現了第二道公式。而阿拉伯數學家大約在西元 1000 年時，就已發展出一種幾何方法，把所有的公式一道一道求出來了。

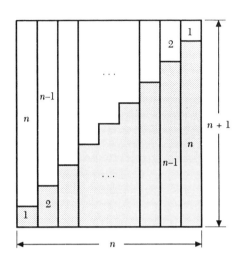

　　請回想一下，在第29章與這第30章，我們是想求出曲線下的面積。而在第28章，我們是在找曲線的斜率。這兩種問題之間彼此好像沒什麼關係，但後來卻變成，你如果知道怎麼去求曲線的斜率，就可以利用得到的資訊，很容易地求出曲線下的面積。這個令人迷惑的事實，其實就是微積分的核心。

　　如果你回頭看看第28章，我們怎麼求曲線的斜率，再看看我們在這裡怎麼求曲線下的面積，你應該會注意到，我們用的技巧是很類似的。在找曲線斜率的時候，我們先求一條割線或弦的斜率，用它來近似曲線的切線。然後觀察當這條割線愈來愈靠近切線時，它的斜率會有什麼變化。而在求曲線下的面積時，我們利用一串階梯式的長方形，求出這些長方形的面積。然後看這些階梯式長方形的面積愈來愈接近曲線下的面積時，會有什麼變化。在這兩種情況下，我們都必須發展出新方法，來解決各自的問題。

　　相反的，微積分卻是先開發出少數幾項工具，再用它們來解決

各種各樣的問題，就像求曲線的斜率或曲線下的面積這一類問題。微積分的發明，大量減少了針對每個不同的問題各自去發展新方法的需要。

　　你如果學過代數與三角，就代表你已經有足夠的準備，可以駕馭微積分了。這是很自然的學習步驟。也許這幾章的內容會引起你探索微積分的興趣。

　　微積分是研究變化量的學問。例如，想像一下 $y = x^2$ 是彗星的運行路線。軌道上任一點的切線就是彗星在這一點時的運動方向。若拉住彗星的引力忽然消失，彗星就會沿著切線直直地飛出去。

　　對於一個運動中的物體，如果你知道它在任何時間的位置，微積分可以求出它的速率。相反地，如果你知道它所有時間的速率，微積分可以算出它的位置。更廣泛地說，如果你知道某個量的改變有多快，微積分可以求出這個物體在一段時間的總改變量。相反地，如果你知道它在任何時間的改變量有多少，微積分可以告訴你它的改變有多快。這個改變量可以代表任何東西，例如湖泊裡的污染物含量、石化產品的產量或細菌數目的多寡。

　　雖然微積分是十七世紀的產物，是由牛頓與萊布尼茲（G. W. Leibniz, 1646-1716）發明的，它卻成為二十世紀許多科學與技術發展的關鍵因素。歷史學家湯恩比（Arnold Toynbee, 1889-1975）在他的自傳《經驗》裡指出：

　　回顧過去，我非常確定自己不應該那麼三心兩意（究竟該讀希臘文還是微積分）……微積分應該是我必修的課程。畢竟一個人應該投入他將生活的世界中。我生活在西方世界……而微積分，就像可完全操控的揚帆之舟……是現代西方思潮的一種特殊展現。

第 31 章

圓與所有的奇數

　　在圓周率 π 與所有的奇數正整數之間，有某種令人驚異的關聯，即 $\pi / 4 = 1 - 1/3 + 1/5 - 1/7 + 1/9 - \cdots$。

　　右手邊的式子裡，加、減交替出現，一直持續進行下去。你使用的項數愈多，愈接近 $\pi / 4$。這個式子讓你有機會隨自己的高興去計算 π 值到想要的程度，甚至無需畫圓，你只需要有紙、筆或計算機。當我第一次見到這個式子時，即深深被它吸引。直到現在，我已識得這個式子這麼多年，仍然對它十分著迷。讓我驚奇的不只是居然會有這麼一個公式，而且它還是由一個平凡的小人物發現並證明的。

　　在西方，格列高里（J. Gregory, 1638-1675）於 1671 年得到這個式子，而微積分發明人之一的萊布尼茲在 1673 年也提到它。但

早在1500年，印度的數學家就知道這個式子了。本章我打算介紹的，就是印度數學家所做的推論。這推論所費的篇幅比以前那些章節長。在你閱讀的過程中，也許在關鍵步驟上要做些注解，或自己重畫個圖（用比較大的尺度）。

先把三種法寶抓在手上

首先我們蒐集一些必要的法寶，這些法寶 在前面幾章已經分別討論過。從第18章，我們知道對任何介於－1與1之間的r，

$$1 / (1 - r) = 1 + r + r^2 + r^3 + r^4 + \cdots$$

若我們用－s來代替r，則上式會變成

$$1 / (1 + s) = 1 - s + s^2 - s^3 + s^4 - \cdots$$

這是我們在本章裡需要的形式（我們只用正值的s）。

再由第30章，我們知道對任何正整數k，當n增加時：

$$(1^k + 2^k + 3^k + \cdots + n^k) / n^{k+1} \text{趨近} 1 / (k + 1)$$

事實上，我們用的是與上式有密切關係的結果。上式的分子有n項，而最後一項是n^k，由於$n^k / n^{k+1} = 1 / n$，而且當n很大時，1／n會趨近於0。因此我們可以把最後這一項省略，我們會得到：當n很大的時候，$[1^k + 2^k + 3^k + \cdots + (n-1)^k] / n^{k+1}$會趨近於$1 / (k + 1)$。

我們只需要用到k是偶數的情況。例如當k是2時，$[1^2 + 2^2 + 3^2 + \cdots + (n-1)^2]$趨近於1/3。

此外，我們還需要一些相似形的技巧。任何曾經把照片放大或放過幻燈機的人，都知道這種技巧。主要是，所有邊長都以相同的倍數放大。特別是當一個三角形放大之後，大三角形與小三角形的三個角度完全相同，只是大三角形的三個邊長都是小三角形三邊長的相同倍數，這兩個三角形稱為相似形。

在圖 1 裡，小三角形的三邊分別為 a、b 與 c，而大三角形的對應邊為 A、B 與 C。我們可得到：a／A ＝ b／B ＝ c／C。

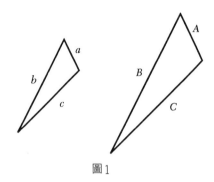

圖1

所有這些法寶（一個幾何級數的和，一個特別分式的特性，以及相似形的性質）都在手邊之後，就可以開始證明我們的題目，即圓周與直徑的比率與所有奇數正整數有關。推論過程很長，但都結合在一個理念之下：計算一個估計值。

動手證明吧

開始的時候，像圖 2 那樣畫個大圓。最少要大到能表現出 45 度角。這個圓的半徑是 1，因此 AB 的長度也是 1。它的圓周就是 2π，因此圓弧 AD 等於圓周的 1/8，長度是 2π／8 ＝ π／4。

如此，我們已經用幾何的方式把 π／4 表示出來了，那是一段圓弧。剩下來的事就是看為什麼這段圓弧的長度等於 1 － 1/3 ＋ 1/5 － 1/7 ＋ 1/9 －…。

我們現在設計一種估算弧長 AD 的方法，看看當它們愈來愈接近弧長的時候會怎樣。

要構成這個估算過程，首先我們像圖 3 那樣，把線段 AB 分割

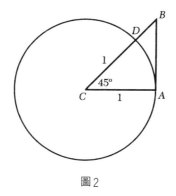

圖2

成很多相同長度的線段，這些線段的分割點與圓心C的連線可以把圓弧 AD 切成同樣多段。在 AB 上的每一小段，長度都一樣；但 AD 上的分段，長度則不同，靠近 A 端的圓弧比靠近 D 端的圓弧長。

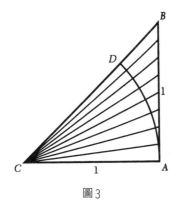

圖3

　　接著我們評估在 AD 上被分割的小圓弧長度。這些小圓弧的總長度就是 AD，而我們已經知道 AD 等於 π／4。我們若能把 AB 切割成愈多段，得到的估算值就愈近圓弧長度，然後就可以看到這個估計值也會趨近 1 － 1/3 ＋ 1/5 － 1/7 ＋ 1/9 －…。

現在進入細節。首先我們選個正整數n，並且把AB切割成相等的n段。因為AB的長度是1，所以每小段的長度是1／n。如此一來，圓弧AD也被分割成n小段，只是每小段的長度都不一樣。

現在試試n＝5的情形，也就是把AB分成五等分，每段的長度是1/5。（由這個例子的細節，你可以繼續導出n是任何正整數時的處理過程。我建議讀者自己畫個較大的圖形，比書中的例圖大很多，讓所有的細節看得更清楚。這樣更容易跟得上書裡的推論步驟，而且也會使你進行的速度慢下來，這點同樣重要。）

圖4就是n＝5的情形。

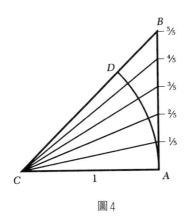

圖4

現在我們估算與「AB上從3/5到4/5的小線段」對應的圓弧長度。如次頁的圖5所示。AB上的這條小線段是GH，而對應的小圓弧是EF。

在F點上，畫一條這個圓弧的切線FI。注意，這條切線會垂直於CH。FI是小圓弧FE很好的近似，特別是當GH很小時。因此我們的目標變成估算FI。畢竟處理線段要比處理圓弧容易得多。

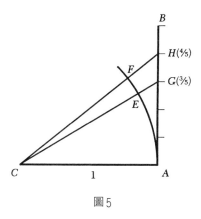

圖5

　　再來，像圖6那樣，在G點上畫條與CH垂直的GJ。請注意，現在我們有兩個相似的直角三角形，CFI與CJG，我們馬上會用到這個相似三角形的特性。

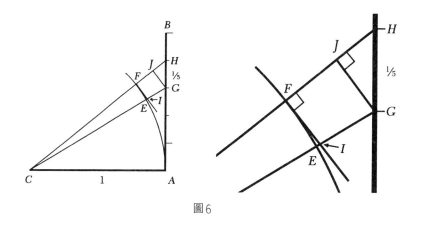

圖6

　　另外有兩個直角三角形也是相似的，就是GJH與CAH。因為它們共用了H角。利用這個相似性，我們得到GJ／CA＝GH／

CH。

　　由於CA是1而GH是1/5，因此GJ＝（1/5）／CH。

　　在我們得到有關CH的公式之前，讓我們利用另一對相似三角形，來找到與FI有關的公式，畢竟這是我們主要的目的。

　　利用相似三角形CFI與CJG，我們可以得到FI／GJ＝CF／CJ，因此FI＝GJ×CF／CJ。

　　因為CF是1，FI的公式可減化為FI＝GJ／CJ。

　　我們對CJ知道些什麼？當n很大時GH就變很小，所以JH也很小。這告訴我們CH幾乎等於CJ。因此FI約等於GJ／CH（FI ≒ GJ／CH）。但是我們先前已經得知GJ＝（1/5）／CH，因此FI ≒（1/5）／CH^2。

關係式出來了

　　現在是處理CH的時候了。由於CH是直角三角形CHA的斜邊，我們得到CH^2＝CA^2＋AH^2＝$1+(4/5)^2$。

　　把這結果代入CH與FI的關係式，就得到FI的估算值約等於（1/5）／$[1+(4/5)^2]$。

　　由於FI是小段弧形FE的近似值，我們終於有了圓弧FE的近似值，即FE ≒（1/5）／$[1+(4/5)^2]$。

　　仔細看看這個等式，它已經揭露出在n為任何正整數時會發生什麼事：分子的1/5可以用1／n取代，而分母中的4/5可以用代表AH長度的分式來代替。不過我們還是先把n＝5的例子做完。

　　當AB平分成五段時，弧長AD的近似值是五段小圓弧近似長度的總和，也就是（1/5）／$[1+(1/5)^2]$＋（1/5）／$[1+(2/5)^2]$＋（1/5）／$[1+(3/5)^2]$＋（1/5）／$[1+(4/5)^2]$＋（1/5）／$[1+(5/5)^2]$。

這個和算到小數點後面第四位，是0.7337，是n＝5時圓弧AD的估計值。而我們已知道圓弧AD的長度是 $\pi／4$，同樣算到小數點後面第四位，是0.7854。怎麼樣，並不太差吧！想想看，我們只把線段分成五段，而且估算過程中還做過一些其他的近似呢。

從上面的關係式依樣畫葫蘆，我們估算當n＝6時，AD弧長的近似值是（1/6）／〔1＋(1/6)²〕＋（1/6）／〔1＋(2/6)²〕＋（1/6）／〔1＋(3/6)²〕＋（1/6）／〔1＋(4/6)²〕＋（1/6）／〔1＋(5/6)²〕＋（1/6）／〔1＋(6/6)²〕。

同樣算到四位小數時，上式的和是0.7426，與 $\pi／4$ 又接近一些。

我們真正感興趣的是，當線段的數目增加時，也就是n增加時會怎樣。在分割成n段時，一般的近似形式可寫成下式：

（1/n）／〔1＋(1/n)²〕＋（1/n）／〔1＋(2/n)²〕＋…＋（1/n）／〔1＋((n－1)/n)²〕＋（1/n）／〔1＋(n/n)²〕

在這個式子裡，當n愈來愈大時會怎樣？首先，我們把式子裡每一項的分子1/n提出來，然後重新抄寫一遍：

（1/n）{1／〔1＋(1/n)²〕＋1／〔1＋(2/n)²〕＋…＋1／〔1＋((n－1)/n)²〕＋1／〔1＋(n/n)²〕}

且把這式子稱為A式，然後我們先來處理一下大括號裡的和。

抖出法寶

現在請拿出本章開頭所準備的第一項法寶：1／（1＋s）＝1－s＋s²－s³＋s⁴－…（s是小於1的正值）。

我們把這個公式用在大括號裡的每一項。例如第一項，s是（1/n）²；在第二項，s是（2/n）²，依此類推，一直到最後一項之前的倒數第二項，s是（(n－1)／n）²。

　　至於最後一項就直接等於1/2，因為n／n等於1。但是它還必須乘回去我們之前提到大括號外面的共同分子1／n，因此對整個式子的總和來說，最後一項的貢獻只有1／2n。當n增加時，這個貢獻趨近於0。我們乾脆把這最後一項省略掉。

　　因此，我們得到：

$$1／〔1+(1/n)^2〕＝1－（1/n）^2＋（1/n）^4－（1/n）^6＋\cdots$$

$$1／〔1+(2/n)^2〕＝1－（2/n）^2＋（2/n）^4－（2/n）^6＋\cdots$$

$$……$$

$$1／〔1+((n-1)/n)^2〕＝1－（(n-1)/n）^2＋（(n-1)/n）^4－（(n-1)/n）^6＋\cdots$$

　　注意在每個式子的右邊，＋s與－s交替出現。

　　我們把這些式子（一共有n－1個式子）加起來。所有式子右邊的第一項都是1，因此合起來的第一項應該是n－1。

　　其次我們把右邊的第二項加起來，會得到：

$$－（1/n）^2－（2/n）^2－\cdots－（(n-1)/n）^2$$

　　把所有分母的n^2提出來，並將上式重組，可以得到：

$$－〔1^2+2^2+\cdots+(n-1)^2〕／n^2$$

　　類似如此，右邊的第三項加起來，會是：

$$〔1^4+2^4+\cdots+(n-1)^4〕／n^4$$

　　同樣的，右邊的其他項也有類似的式子。

　　把這些項都加在一起，代回到A式，再把A式前面的1／n放回到每個加法項之中。我們可以看到A式變成了以下的B式：

$$（n-1）／n－〔1^2+2^2+\cdots+(n-1)^2〕／n^3＋〔1^4+2^4+\cdots+(n-1)^4〕／n^5－\cdots$$

　　剩下來的事就是當n增加時，找出B式中的每一項。

　　B式的第一項是（n－1）／n，是兩個連續正整數的比值。例

如當 n 是 100 時，這個比值是 99/100，也就是 0.99。因此當 n 增加時，（n－1）／n 的比值會接近 1。

B 式的第 2 項是－〔$1^2 + 2^2 + \cdots + (n-1)^2$〕／$n^3$。還記得在本章一開始我們準備的第二項法寶嗎？這就是 k＝2 的情形，當 n 變得很大時，這個式子會接近－1/3。依相同方式，我們知道 B 式的第三項（即 k＝4）在 n 很大的時候會趨近 1/5。而第四項（即 k＝6）雖然在 B 式中並沒有寫出來，會趨近於－1/7。整體而言，當 n 愈來愈大時，B 式就會接近 1－1/3＋1/5－1/7＋…

記得這些總和會接近弧長，也就是 π／4 吧。因此我們得到：

π／4＝1－1/3＋1/5－1/7＋…

把兩邊各乘上 4，就得到 π＝4（1－1/3＋1/5－1/7＋…），也就是用所有正奇數來表示 π 的值。

只有一個理念、一個技巧

這個公式的推論過程，你第一次讀的時候也許會覺得很複雜。但若你多看幾遍，它會變得一次比一次簡單。因為整個過程只有一個理念在引導：做個通用的近似情況，再看看它會變什麼樣子。另外一個技巧是把一堆代表總和的式子相加。我們先把這些式子由左到右列成一列列的，然後由上而下，一行行地加起來。數學家經常用到這種技巧。

要構成公式 π／4＝1－1/3＋1/5－1/7＋…還有一些別的方法。例如，開始學微積分的學生，為了尋找 1／（1＋x^2）曲線在 0 與 1 區域間的面積，可運用兩種不同的方法，都會得到這條公式。在把 1／（1＋x^2）展開成幾何級數之後，他們就可以應用積分技巧了，計算過程只有幾行而已。

第32章

數學之美

一直到現在為止，我都非常自制，讓數學自己把它的真實與美麗展現給你們看。我並沒有告訴讀者，這項發明或那項證明是優美的。「發現」本身已經充分顯示數學的真實，絕對地確定與永恆。它永遠沒有花言巧語的伶俐辯駁，也不受流行趨勢改變的影響。

但是在本書的結尾，我想舉一段證明。我忍不住要向讀者讚美它實在太優美了。

請回想一下第18章，我們曾指出對任何介於 -1 與 1 之間的 r，$1 + r + r^2 + r^3 + r^4 + \cdots = 1 / (1 - r)$。我們為它做了兩種不同的推論方式。推論之一是，我們在數線上，標出 $1, r, r^2, r^3, r^4, \cdots$ 的各點，然後尋找在這些點之間，每段小線段的長度。在另一個推論裡，我們只是把式子寫出來，然後把其中一些正、負號顛倒的項互

相抵消掉。

　　$1 + r + r^2 + r^3 + r^4 + \cdots$ 這個幾何級數的總和太重要了，即使你只應用到 $1 + r + r^2 + \cdots + r^k$ 這前面幾項而已。請回憶一下，我們在第 19 章利用它來分析銀行作業；在第 27 章用它來決定當 x 接近 1 時，$(x^3 - 1) / (x - 1)$ 會怎樣；在第 28 章，它可以求出曲線的斜率；第 30 章計算曲線下的面積也用到它；甚至在第 31 章，協助我們得到圓周率 π 的公式。審視過這些重要性之後，我們必須承認，這麼重要的公式應該要有一個更優美而結構嚴謹的證明方法。

優美而嚴謹的證明

　　我不知道以下的證明方法是誰發明的，它適用於 r 為正值的情形。我猜這項證明是某位數學家在找別的東西時，意外發現的，不過我不敢確定。不管怎樣，這是數學界「民間傳說」的一部分，而它也很短。

　　開始的時候，我們依照下圖，在一條線上畫出 1, r, r^2, r^3, r^4, … 各線段。

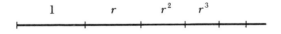

　　接著在每一條線段的左邊，立一根與線段一樣長的垂直線，如下圖。

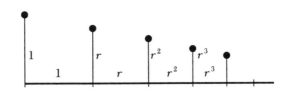

　　我們幾乎完成證明了。桿上那些像燈泡的圓點其實都落在一條直線上。（想檢查這項描述，你可以計算相鄰兩點所成線段的斜率，你會發現所有的斜率都一樣。）

　　畫出所有點落腳的那條斜線，就像下圖。

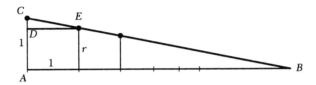

　　我們已知道，所有r的乘方加起來的總和不會是無限大，因為這些總和只是線段AB的長度。剩下來就是看這長度是多少了。

　　由相似三角形CAB與CDE，我們得到 AB ╱ DE＝AC ╱ DC。

　　由這張圖，我們知道DE＝1，AC＝1，而DC＝1－r，因此 AB ╱ 1＝1 ╱（1－r），即AB＝1 ╱（1－r）。簡單地說，我們的結論就是 $1 + r + r^2 + r^3 + r^4 + \cdots = 1 ╱ (1-r)$。

　　你也許會抱怨道：「不錯，這段證明的確很精巧，但若只有幾項那該怎麼辦？能算出這幾項的總和嗎？比如說 $1 + r + r^2$？」

　　其實你可以自己試試看，同樣畫一個與三角形ABC相似的小三角形，再利用AB＝1 ╱（1－r），看出這三項的總和是（$1-r^3$）╱（1－r）。

此曲只應天上有

　　也許並不是每個人都同意我的看法，因為優美與否，與個人的品味有關，但我認為這第三種證明方法實在很優美：它是可見的，又很簡短，而且一旦被人注意到之後，這種證明方法似乎成為一種

必然的過程，你一定不會忘記的。

　　就像莫札特的交響曲那樣，好像它一開始就寫在天上的某處，只是誰把它帶到地球上來而已。如果上帝保有一本證明簿，這個證明一定就在簿子裡的某個地方。

　　請注意，在這個證明過程裡，幾何發出光芒照亮了代數。在討論曲線斜率與曲線下的面積那幾章裡，則是代數的光芒照亮了幾何。這是數學的典型特質，一些看似彼此無關的領域，在令人料想不到的地方又愉快地結合起來。

　　剛用過相似三角形來求幾何級數的和，我忍不住又想用它們來證明一下畢氏定理，這與第22章所用的證法不同，這是我覺得很迷人的另一個證明。它是這樣子的。

　　假設有個直角三角形，三邊分別是a、b、c，而a小於或等於b。從直角的頂點畫一條垂直於斜邊的線，這條線把直角三角形分割成兩個小的直角三角形。斜邊就被分割成兩個線段，長度分別為d與e，d＋e＝c，如圖所示。

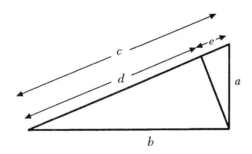

　　雖然大的直角三角形與兩個小直角三角形大小並不相同，角度卻都一樣，你可以檢驗一下。因此，它們都是相似三角形。這是證明的關鍵。

因為斜邊是 a 的直角三角形與斜邊是 c 的直角三角形相似，因此 e ／ a ＝ a ／ c。在這個等式的左邊是兩個直角三角形的最小邊，右邊則是它們的斜邊。

把這式子的兩邊都乘上 ac，我們會得到 ce ＝ a^2。

接著，我們利用斜邊為 b 與斜邊為 c 的相似直角三角形，以相同的推論可得到 cd ＝ b^2。

把 ce ＝ a^2 與 cd ＝ b^2 加起來，可以得到 ce ＋ cd ＝ a^2 ＋ b^2。利用連接加法與乘法的偉大定律「分配率」，我們可得到 c（e ＋ d）＝ a^2 ＋ b^2。而 e ＋ d ＝ c，我們就得到畢氏定理 c^2 ＝ a^2 ＋ b^2。

我喜歡這個證明有兩個原因：第一，它只利用到三角形裡面的東西，沒有三個接在外圍的正方形。第二，它只用到線的長度而沒有利用面積（面積是比長度複雜很多的概念）。

但另一方面，幾何學家可能認為：「它的代數步驟太多了，我還是比較喜歡利用三個正方形的證法，就是第 22 章所用的那個，它完全是圖像式的。」

這只是表現出數學上的不同品味，就像不同的音樂或藝術的喜好一樣。就算每個人都同意兩種不同的證法都正確，但其中哪一個的證法比較優美，還是會有很大的爭議空間。

既美麗又實用

經過本章的小小迂迴，我們終於還是到了旅程的終點。在本書裡，我們驚異於數學的一些永恆的眞實與美麗，遇到一些令人訝異的發現，並跟著推論的邏輯一步步前進，直到達成目標。但是數學並不只是個自我滿足、自我陶醉的世界，在我們每日的生活世界裡、在商業與工業活動上，時時刻刻都得使用到數學的語言與技巧。

　　我們走過的路徑在數學領域裡只有一小段。這個王國裡充滿了無數的美麗定理與尚待挑戰的神祕。這個國度對任何願意入內探險的人都充滿期待,不管在本質上是實際的或天馬行空的。數學王國裡面充滿了無窮的喜悅,是任何人一生都無法嚐盡的。

筆記頁

筆記頁

筆記頁

筆記頁

筆記頁

筆記頁

筆記頁

筆記頁

筆記頁

國家圖書館出版品預行編目資料

幹嘛學數學？／斯坦（Sherman K. Stein）著；葉偉文譯.
-- 第二版 . -- 臺北市：遠見天下文化，2005[民 94]
　　　　面；　　　公分 . --（科學天地；66）
　　參考書目：　　面
　　譯自：Strength in Numbers：Discovering the Joy and
　　　　　　Power of Mathematics in Everyday Life

　　ISBN 986-417-518-1（平裝）

　　1. 數學 - 通俗作品

310   94011956

科學天地 066A

幹嘛學數學？

原　　著／斯　坦
譯　　者／葉偉文
顧 問 群／林　和、牟中原、李國偉、周成功
總 編 輯／吳佩穎
編輯顧問暨責任編輯／林榮崧
封面設計暨美術編輯／江儀玲

出 版 者／遠見天下文化出版股份有限公司
創 辦 人／高希均、王力行
遠見・天下文化 事業群董事長／高希均
事業群發行人／CEO／王力行
天下文化社長／林天來
天下文化總經理／林芳燕
國際事務開發部兼版權中心總監／潘欣
法律顧問／理律法律事務所陳長文律師　　　著作權顧問／魏啓翔律師
社　　址／台北市 104 松江路 93 巷 1 號 2 樓
讀者服務專線／(02) 2662-0012 傳真／(02) 2662-0007 2662-0009
電子信箱／cwpc@cwgv.com.tw
直接郵撥帳號／1326703-6 號 遠見天下文化出版股份有限公司

電腦排版／東豪印刷事業有限公司
製 版 廠／東豪印刷事業有限公司
印 刷 廠／中原造像股份有限公司
裝 訂 廠／中原造像股份有限公司
登 記 證／局版台業字第 2517 號
總 經 銷／大和書報圖書股份有限公司　電話 (02) 8990-2588
出版日期／2019 年 12 月 9 日第三版第 1 次印行
　　　　　2022 年 9 月 21 日第三版第 3 次印行

定　　價／350 元
原著書名／Strength in Numbers :
　　　　　Discovering the Joy and Power of Mathematics in Everyday Life
　　　　　by Sherman K. Stein
Copyright © 1996 by Sherman K. Stein
Complex Chinese Edition Copyright © 1999, 2005 by Commonwealth Publishing Co., Ltd., a
member of Commonwealth Publishing Group
ALL RIGHTS RESERVED
Authorized translation from the English language edition published by John Wiley & Sons, Inc.

4713510946862（英文版 ISBN：0-471-15252-8）
書號：BWS066A

天下文化官網 —— bookzone.cwgv.com.tw

天下文化
BELIEVE IN READING